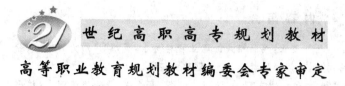

21世纪高职高专规划教材

高等职业教育规划教材编委会专家审定

计算机网络实训教程

主 编 余 平 张建华

北京邮电大学出版社
www.buptpress.com

内 容 简 介

本书根据计算机网络设计和维护职业的任职要求,参照相关的职业资格标准,贯彻"应用为目的,必需够用为度"的原则,坚持能力本位职业教育思想,采用项目教学、任务驱动式组织课程教学内容。

全书共分为六个项目,涵盖计算机网络操作的主要范围,包括网络设备、网络安全、网路管理、网络服务等实训任务。本书注重实践和操作性,每个实验都可以结合实际环境安排完成。

本书可作为高等职业院校、高等专科学校和中等专业学校计算机网络实训指导书,配合计算机网络相关的书籍,帮助读者很好地掌握计算机网络的实际操作。

图书在版编目(CIP)数据

计算机网络实训教程/余平,张建华主编. --北京:北京邮电大学出版社,2013.1
ISBN 978-7-5635-2989-6

Ⅰ. ①计… Ⅱ. ①余…②张… Ⅲ. ①计算机网络—教材 Ⅳ. ①TP393

中国版本图书馆 CIP 数据核字(2012)第 077726 号

书　　　名	计算机网络实训教程
主　　　编	余　平　张建华
责任编辑	彭　楠
出版发行	北京邮电大学出版社
社　　　址	北京市海淀区西土城路 10 号(邮编:100876)
发 行 部	电话: 010-62282185　传真: 010-62283578
E-mail	publish@bupt.edu.cn
经　　　销	各地新华书店
印　　　刷	北京联兴华印刷厂
开　　　本	787 mm×1 092 mm　1/16
印　　　张	7.75
字　　　数	194 千字
印　　　数	1—3 000 册
版　　　次	2013 年 1 月第 1 版　2013 年 1 月第 1 次印刷

ISBN 978-7-5635-2989-6　　　　　　　　　　　　　　　　定　价: 17.00 元

前 言

计算机网络是计算机技术与通信技术密切结合的综合性学科,也是计算机应用中的一个重要领域。网络技术已广泛应用于各行各业,因此网络技术是计算机相关专业学生必须掌握的知识。随着计算机网络技术的迅速发展和在当今信息社会中的广泛应用,计算机网络实训课程的目的旨在培养既有理论水平,又有动手能力和解决问题能力的专业技术人员。

通过对本课程的学习,要求学生能对计算机网络网络的体系结构、通信技术以及网络应用技术有整体的了解,特别是 Internet、典型局域网、网络环境下的信息处理方式。同时要求学生具备基本的网络规划、设计的能力和常用组网技术。

本课程实践性、综合性强,教学难度大。在教学工作中尽可能结合实际网络进行,务必使学生掌握一种计算机网络的实际应用。结合教学实践,要求对学生进行初步的网络安装、设计训练,培养学生的具体操作能力。

与同类图书相比,本书具有以下特色和优点。

- 教材结构清晰,知识完整。重点掌握方法、强化应用、培养技能。
- 宏观上采取项目教学,微观上采取任务驱动,根据实际项目,具体任务与知识点紧密结合。
- 可操作性、实用性强。每个项目中的具体任务都有清晰的步骤,突出可操作性。

本书主要完成计算机网络体系中涉及的相关重要应用,全书由六大项目和一个附录组成。

(1)项目一,网络基础实训。本章共 3 个任务:考察校园网、网络实训中心环境及设备,网络通信线的连接方法,网卡的安装配置连接。这是网络操作的基础。

(2)项目二,局域网实训。本章共 7 个任务:Boson NetSim 模拟仿真软件的使用,交换机初始入门配置,交换机基本管理和配置命令,交换机的端口配置,VLAN 的基础配置,在多台交换机上配置相同 VLAN,使用交换机端口镜像功能获取其他端口数据。这是有关数据链路层的实训。

(3)项目三,网络互联实训。本章共 4 个任务:路由器的基本配置方法,静态路由协议配置,动态路由协议(RIP)配置,网络地址转换。

(4)项目四,网络安全实训。本章共 4 个任务:安全访问控制表配置,网络管理,Sniffer Pro 软件的使用,防火墙的配置。

(5)项目五,网络服务实训。本章共 3 个任务:DHCP 服务配置,DNS 服务配置,Web 服务配置。

（6）项目六，网络故障诊断与排除实训。本章共 3 个任务：交换机一般故障诊断，路由器一般故障诊断，网络故障诊断工具使用。

（7）附录，IP 地址规划介绍。主要介绍 IP 地址的基本知识，为快速查找实训中使用到的相关知识提供帮助。

由于编者水平所限，书中难免存在疏漏、不足之处，敬请广大读者批评、指正。

编 者

目　　录

项目一　网络基础实训

　　计算机网络课程,是一门理论和实际结合得非常紧密的课程。学习本章的目的是全面认识实际的网络,对网络有一个感性的认识,并逐步全面掌握网络涉及的各个方面。

　　本章安排了 3 个实训:实训一的目的是让学习者对实际的网络有个全面认识,并理解整个网络中各个设备的运行角色;实训二和实训三是网络建设中必须的基础准备工作。本项目对后面各项目的实训起到铺垫的作用。

实训一　考察校园网、网络实训中心环境及设备

一、实训目的

　　通过对学校实际的校园网、网络实训中心环境的考察,使学生对网络拓扑结构、网络组建设备、网络连接方式等有直观了解,理论知识与实际应用结合起来,加强其对计算机网络定义的理解,并熟悉各个网络组成部分,加强动手能力。

二、实训原理

　　利用已有的理论知识,结合实际的教学环境,理解网络传输技术,理解网络拓扑结构,掌握使用的主要网络设备的型号、性能。

三、实训环境

　　学校网络中心,网络实训机房等。

四、实训步骤

　　(1) 参观接入层设备。
　　(2) 参观网络汇聚层设备。
　　(3) 参观网络核心层设备。
　　(4) 理解校园网拓扑,明白整个网络结构。

实训二　网络通信线的连接方法

一、实训目的

(1) 了解传输介质的分类。

(2) 了解与布线有关的标准与标准组织。

(3) 掌握 UTP 线缆的用途与制作，掌握压线钳的使用。

(4) 了解 UTP 线缆测试的主要指标，并掌握简单网络线缆测试仪的使用。

二、实训原理

物理层是七层结构中的第一层，物理层的功能就是实现在传输介质上传输各种数据的比特流。物理层并不是物理设备和物理媒体，它定义了建立、维护和拆除物理链路的规范和协议，同时定义了物理层接口通信的标准，包括机械特性、电气特性、功能特性和规程特性。机械特性定义了线缆接口的形状、引线数目及如何排列等。电气特性说明哪根线上出现的电压应在什么范围。功能特性说明某根线上的某一电平的电压代表何种意义。规程特性则说明对于不同的功能，各种可能时间的出现顺序。物理介质提供数据传输的物理通道，连接各种网络设备。传输介质分为有线介质和无线介质两大类。有线介质包括同轴电缆、双绞线、光纤等；无线介质则有卫星、微波、红外线等。

双绞线由两根具有绝缘保护层的铜导线组成。两根线按照一定的密度相互绞在一起，就可以改变导线的电气特性，从而降低信号的干扰程度。

双绞线电缆比较柔软，便于在墙角等不规则地方施工，但信号的衰减比较大。在大多数应用下，双绞线的最大布线长度为 100 m。双绞线分为两种类型：非屏蔽双绞线和屏蔽双绞线。

双绞线采用的是 RJ45 连接器，俗称水晶头。RJ45 水晶头由金属片和塑料构成，特别需要注意的是引脚序号，当金属片面对我们的时候，从左至右引脚序号是 1～8，这序号对网络连线非常重要，不能出错。按照双绞线两端线序的不同，我们一般划分两类双绞线：一类两端线序排列一致，称为直连线；另一类是改变线的排列顺序，称为交叉线。

直连线（机器与集线器直连）的线序见表 1.2.1。

表 1.2.1

	1	2	3	4	5	6	7	8
A端	橙白	橙	绿白	蓝	蓝白	绿	棕白	棕
B端	橙白	橙	绿白	蓝	白	绿	棕白	棕

交叉线（机器直连、集线器普通端口级联）的线序见表 1.2.2。

表 1.2.2

	1	2	3	4	5	6	7	8
A 端	橙白	橙	绿白	蓝	蓝白	绿	棕白	棕
B 端	绿白	绿	橙白	蓝	蓝白	橙	棕白	棕

三、实训环境

RJ45 卡线钳一把,水晶头,双绞线,测试仪。

四、实训步骤

（1）剪下一段电缆。

（2）用压线钳在电缆的一端剥去约 2 cm 护套。观察其线对颜色,共 4 对,橙、绿、蓝、棕,与绿相绞的白线叫白绿,与橙相绞的白线叫白橙,与蓝相绞的白线叫白蓝,与棕相绞的白线叫白棕。如图 1.2.1 所示。

图 1.2.1

（3）分离 4 对电缆,按照所做双绞线的线序标准(T568A 或 T568B)排列整齐,并将线弄平直。

（4）维持电缆的线序和平整性,用压线钳上的剪刀将线头剪齐,保证不绞合电缆的长度最大为 1.2 cm。

（5）将有序的线头顺着 RJ45 水晶头的插口轻轻插入,插到底,并确保护套也插入。如图 1.2.2 所示。

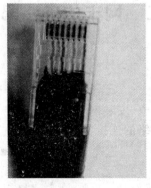

图 1.2.2

（6）再将 RJ45 水晶头塞到压线钳里，用力按下手柄，这样一个接头就做好了。压线钳的使用如图 1.2.3 所示。

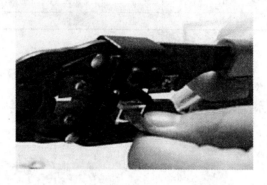

图 1.2.3

（7）用同样的方法制作另一个接头。做好的接头如图 1.2.4 所示。

图 1.2.4

（8）用简单测试仪检查电缆的连通性。

（9）注意：如果两个接头的线序都按照 T568A 或 T568B 标准制作，则做好的线为直通缆；如果一个接头的线序按照 T568A 标准制作，而另一个接头的线序按照 T568B 标准制作，则做好的线为交叉缆。

实训三　网卡的安装配置连接

一、实训目的

（1）掌握在计算机上安装网卡，安装网卡驱动程序。

（2）能运用简单命令查看网络的连接状态。

二、实训原理

网络接口卡是计算机与外接网络环境接通的最基本的必备部件，主要原理就是根据网络物理层协议规范,把发送出去的数据分解为适当大小的数据包发到网络上,或者将收到的数据组装成帧送往上层协议。

三、实训环境

PC,网线,网卡,测试用的集线器或交换机(建议)。

四、实训步骤

1. 安装网卡

(1)切断电源,打开机箱。

(2)根据网卡接口类型,找到合适的空插槽,用螺丝刀拧下后挡板上的防尘片。将网络接口卡竖立,使其插接头与插槽垂直对应,适当用力使网卡平稳插入插槽。

(3)把网卡接口边缘的金属托架固定在先前金属挡板的位置,用螺钉固定好网络接口卡。

(4)认真检查在安装网卡的过程中,是否弄松了计算机的线缆或其他插板,是否有异物留在机箱中。

(5)重新盖上机箱。

(6)接通电源,开机,进入网卡软件安装和配置阶段。

如果是安装 Windows XP 或 Windows 2000 以上的操作系统之后添加的网卡,系统会在任务栏中自动出现小图标,并且自动搜索安装,整个过程系统自动完成。

2. 安装网卡驱动程序

在安装 Windows 操作系统时,如果网卡是集成在主板上,一般不需要单独安装驱动程序,操作系统自动识别网卡类型,自动安装驱动程序;如果是更换或者更新驱动程序,就需要自己动手安装驱动程序了。步骤如下:

(1)首先单击"开始"按钮,从弹出的菜单中选择"控制面板"选项,单击"系统"图标,出现如图 1.3.1 所示的界面。

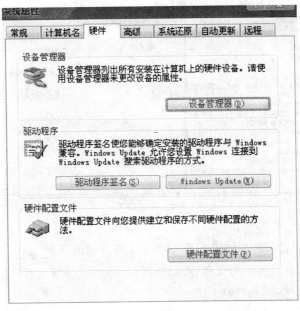

图 1.3.1

（2）单击"设备管理器"按钮，出现如图 1.3.2 所示的界面。

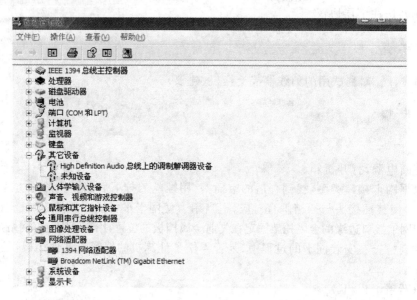

图 1.3.2

（3）单击"网络适配器"前面的"＋"，将其展开。

（4）选择需要安装驱动程序的网卡，右击选择"属性"选项，出现如图 1.3.3 所示的界面，选择"驱动程序"菜单。

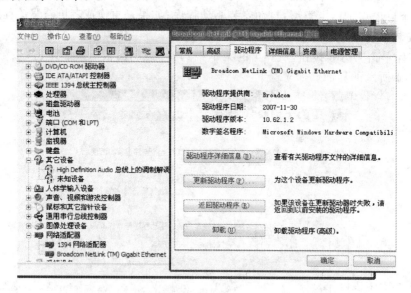

图 1.3.3

（5）单击"更新驱动程序"按钮，出现如图 1.3.4 所示的界面。

（6）如果有网卡驱动程序的光盘，可以选择自动安装软件，或者从指定的地点选择安装程序，按照指示，单击"下一步"按钮。

（7）根据安装程序的指示，完成驱动程序的安装。

图 1.3.4

3. 通信协议配置与查看命令

当软件和硬件都安装成功后,可以通过以下步骤查看网络通信是否成功。

(1) 右击"网上邻居"图标,在弹出的菜单中选择"属性"项。

(2) 右击"本地连接"图标(在任务栏的右下角如出现网络连接状态图标也可以),在弹出的菜单中选择"属性"项。

(3) 在连接属性的对话框中选定 TCP/IP 协议选项,单击"属性"按钮,出现 TCP/IP 属性对话框。

(4) 在属性对话框的"常规"选项中填入 IP 地址、子网掩码、默认网关、DNS 服务器等选项,如图 1.3.5 所示。

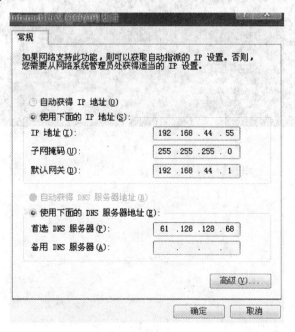

图 1.3.5

（5）单击"确定"按钮，完成配置。

（6）可以在命令窗口查看网卡的属性和 MAC 地址。输入"ipconfig/all"命令，将出现网络配置信息，如图 1.3.6 所示。

图 1.3.6

（7）网卡安装结束。通过命令"ping 127.0.0.1"检查网卡正常工作，如图 1.3.7 所示。

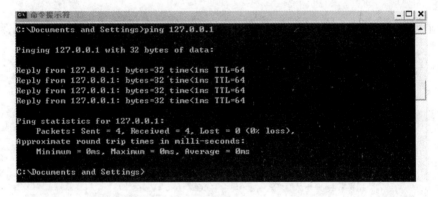

图 1.3.7

（8）实训结束。

项目一实训报告

实训报告单

姓名：　　　　学号：　　　　　　　专业及班级：　　　　　　指导教师：

课程名称		实训项目	
时间		地点	
实训目的			
实训内容			
实训步骤和方法			
备注			

项目二 局域网实训

通过本章实训,了解局域网中交换机这种网络设备,熟悉交换机的体系结构、工作原理及方式,理解数据链路层的工作方式。掌握交换机的基本功能和数据交换方式,掌握交换机的使用配置过程、检验方式,掌握交换机的 VLAN、交换机端口管理、端口聚合等基本功能。

实训一　Boson NetSim 模拟仿真软件的使用

一、实训目的

掌握 Boson NetSim 软件的使用方法,针对没有实际网络实训环境的场合,可以通过此模拟软件按照实际的环境进行其他项目的实训操作。

二、实训原理

Boson NetSim 软件是 Cisco 网络模拟软件,所采用的虚拟封包技术精确地模拟现实网络。它适合无硬件环境操作的网络人员,利用虚拟封包技术来虚拟网络环境,配置网络环境中路由器和交换机设备配置。Boson NetSim 有两个组成部分:Boson Network Designer(网络拓扑图设计工具)和 Boson NetSim(实训环境模拟器)。网络拓扑图设计工具主要用来设计在实训中所需要的网络拓扑环境。实训环境模拟器主要用来配置环境中的网络设备,主要是路由器和交换机的配置,并观察效果,以及对运行的协议进行诊断等。

三、实训环境

Boson NetSim 软件包,PC。

四、实训步骤

(1) 安装 Boson NetSim 软件。下载 Boson 并解压,双击 netsim6. exe 程序开始安装。选择安装路径后通过单击"下一步"按钮即可完成安装。如图 2.1.1 所示。

(2) 完成后,双击桌面上的 Boson NetSim 图标即可启动 Boson NetSim。Boson NetSim 安装结束以后,在桌面上会生成两个图标:Boson Network Designer 和 Boson NetSim。如图 2.1.2 所示。

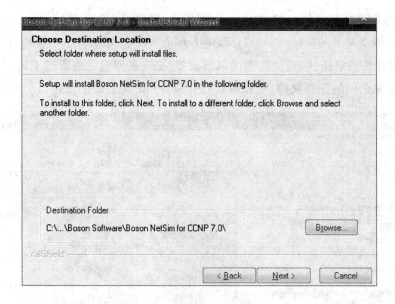

图 2.1.1

图 2.1.2

（3）单击"Boson Network…"图标，构建一个简单网络结构。其中，Boson Network Designer 用来绘制网络拓扑图，Network Designer 可让用户构建自己的网络结构或在实训中查看网络拓扑结构，通过这个组件可以搭建自己的免费实训室。步骤如下。

① 单击图标"Boson Network…"，出现如图 2.1.3 所示的界面。

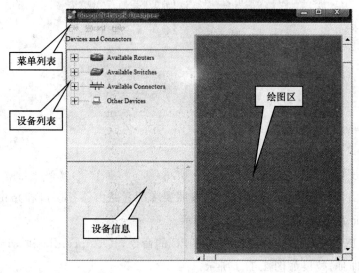

图 2.1.3

② 开始绘制网络拓扑图。启动 Boson NetSim 后，单击"File"菜单，出现如图 2.1.4 所示的界面。选择菜单下的"New NetMap"，则 Boson Network Designer 启动，在其中绘制拓扑图。根据设计的网络拓扑，选择适当的网络设备，把这些网络设备通过不同的接口连接起来。如果有原来的网络拓扑文件，可以直接打开以".top"为后缀的文件。

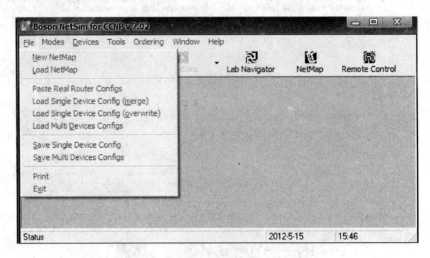

图 2.1.4

③ 拓扑图绘制好后，必须把它装载到 Boson NetSim 中才能进行配置。单击"File"菜单中的"Load NetMap"，再单击提示对话框的"确定"按钮，就可用绘制的拓扑图替换 Boson NetSim 中原有的拓扑图，如图 2.1.5 所示。

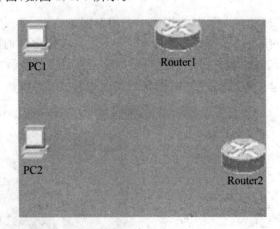

图 2.1.5

④ 选择连接设备接口，界面如图 2.1.6 所示。

⑤ 进入路由器配置页面，这时就可以按照要求配置路由器各接口和路由协议。配置界面如图 2.1.7 所示，配置效果如图 2.1.8 所示。

⑥ 开始对 PC 进行配置，模拟软件支持 PC 的命令，其中 ipconfig 和 winipcfg 命令可以设置 PC 的 IP 地址，效果如图 2.1.9 所示。

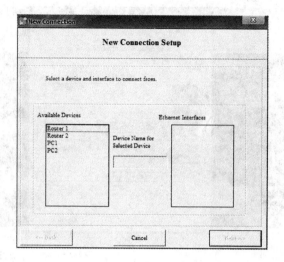

图 2.1.6

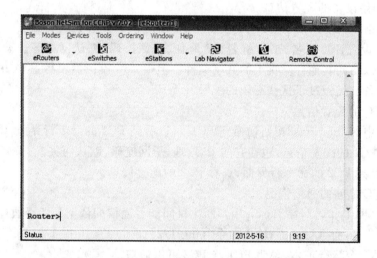

图 2.1.7

图 2.1.8

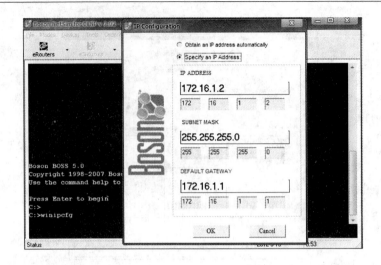

图 2.1.9

⑦ 查看网络设备的配置信息。

在实际网络中,把计算机连接到交换机上后,还应该对计算机进行必要的配置,如安装 TCP/IP 协议,设置计算机名、工作组名、IP 地址、子网掩码、默认网关等。设置好后,通过 "网上邻居"可以访问其他计算机上的共享文件。但 Boson 模拟器没有这些功能,应该认为其中的所有设备已经做过了这些必须的配置。

⑧ 查看 PC 的配置信息。

用工具栏中的"Stations"按钮切换到 PC1,可以看到 PC1 的命令行界面,用命令"Ipconfig"可以查看 PC1 的配置信息,包括它的 IP 地址、子网掩码、默认网关。

同样,切换到 PC2 的命令行界面,查看 PC2 的配置信息。

⑨ 检查 PC 之间的通信情况。

由于没有"网上邻居",在 Boson 中判断主机间能否通信的依据是能否通过 ping 检验。

切换到 PC1 的命令行界面,输入命令"ping 172.16.1.2",其中"172.16.1.2"是 PC2 的 IP 地址。如果命令运行正常,说明 PC1 与 PC2 可以通信。

设置 PC 的 IP 地址、默认网关等信息如下。

- 方法 1:在 Control Panel 窗口中选择相应的 PC 后,在命令界面下输入"winipconfig" 就可以配置 PC 的相应信息。
- 方法 2:由于 PC 的 IP、网关配置与真实环境不同,这里需要单独说明一下。在 Control Panel 窗口中选择相应的 PC 后,输入"ipconfig",填入 IP"192.168.1.1,255. 255.255.0"是设定 IP 为 192.168.1.1,填入"ipconfig dg192.168.1.254"是将该 PC 的网关设置为 192.168.1.254。dg 是 default gateway 缩写。

⑩ 实训的保存和装入。

Boson 可以把本次实训保存起来,供以后使用。单击"文件"菜单,弹出如图 2.1.10 所示的界面。拓扑图应该在绘制拓扑图的 Boson Network Designer 窗口中进行保存。切换到该窗口,单击"File"菜单下的"Save",设置保存路径和文件名即可。

装入拓扑图应该在配置窗口 Boson NetSim 中进行,单击该窗口"File"菜单下的"Load NetMap",把拓扑图文件装入即可。如图 2.1.11 所示。

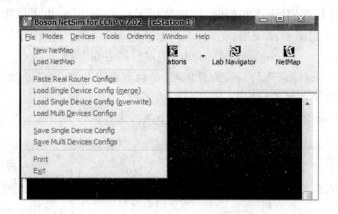

图 2.1.10

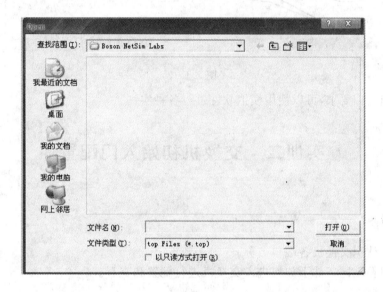

图 2.1.11

以下是几个选做环节操作。

·选择保存所有设备的配置

在 Boson NetSim 中可以把设备的配置保存起来,下次实训可以不必重新配置。单击"File"菜单中的"Save Multi Devices Configs",设置保存路径和文件名。

·装入所有设备的配置

单击"File"菜单中的"Load Multi Devices Configs",把配置文件装入。

·保存单个设备的配置

单击"File"菜单中的"Save Single Device Config",设置保存路径和文件名。

·装入单个设备的配置

先选出要装入配置的设备窗口,单击"File"菜单中的"Load Single Device Config(merge)"或"Load Single Device Config(overwrite)",把配置文件装入。其中,merge 模式是把装入的配置合并到现有配置中,overwrite 模式是用装入的配置替换现有的配置。

说明:装入设备的配置时,所用的拓扑图不一定是原来的拓扑图。通常可以把一些设备的基本配置分别保存起来,下次实训时,即使使用了新的拓扑图,也可以把这些配置装入到新拓扑图的设备中,已备后面使用。

以上步骤是在"Boson Network Designe"中进行的备份步骤。

(4) Boson NetSim 用来进行设备配置练习,是最重要的组件,用户可以选择网络拓扑结构中不同的路由、交换设备并进行配置,也就是说输入指令、切换设备都是在 Control Panel 中进行。全部的配置命令均在这个组件中输入。单击图标出现的界面如图 2.1.12 所示。

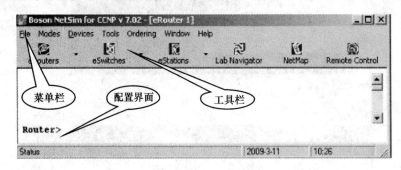

图 2.1.12

(5) 根据实训要求,可以使用模拟软件进行各种实训。

实训二　交换机初始入门配置

一、实训目的

(1) 正确认识交换机各端口名称。

(2) 掌握在不同条件下如何进入交换机进行配置和查看。

二、实训原理

交换机的工作原理主要是存储转发,它将某个端口发送的数据帧存储下来,通过解析数据帧,获得目的 MAC 地址,然后在交换机的 MAC 地址与端口对应表中,检索该目的主机所连接到的交换机端口,匹配后将数据帧从源端口转发到目的端口。

交换机中连接的设备都是在同一个广播域中,广播域中使用广播帧,网络越大,越容易形成广播风暴。因此在交换机中可以利用 VLAN 来隔离广播风暴。

以太网交换机的配置方式很多,如本地 Console 口配置,Telnet 远程登录配置,FTP、TFTP 配置和哑终端方式配置。其中最为常用的配置方式就是 Console 口配置和 Telnet 远程配置。我们进入交换机的配置界面,包括命令行(CLI)界面和图形(GUI)界面。CLI 的全称是 Command Line Interface,它由 Shell 程序提供,是由一系列的配置命令组成的,根据这些命令在配置管理交换机时所起的作用,Shell 将这些命令分类,不同类别的命令对应着不同的配置模式。

三、实训环境

在实训中,采用三层交换机来组建实训环境,具体实训环境如图 2.2.1 所示。用标准 Console 线缆的水晶头一端插在交换机的 Console 口上,另一端插在 PC 的 Console 口上。同时为了实现 Telnet 配置,用一根网线的一端连接交换机的以太网口,另一端连接 PC 的网口。计算机的网卡地址设置为 192.168.1.3,掩码为 255.255.255.0,交换机的管理地址为 192.168.1.1,掩码为 255.255.255.0。

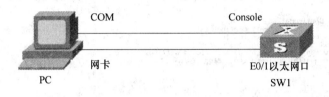

图 2.2.1

四、实训步骤

1. 带外管理配置

(1) 首先启动超级终端,单击 Windows"开始"→"程序"→"附件"→"通讯"→"超级终端",出现的界面如图 2.2.2 所示。

(2) 根据提示输入连接名称后单击"确定"按钮,在选择连接的时候选择对应的串口 (COM1 或 COM2),配置串口参数。串口的配置参数如图 2.2.3 所示,单击"确定"按钮即可正常建立与交换机的通信。

图 2.2.2

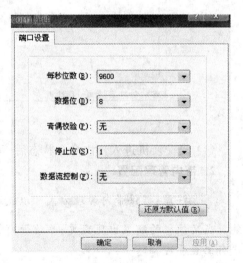

图 2.2.3

(3) 当交换机处于出厂后第一次使用状态时,交换机加电后,进入 setup 配置状态。在启动过程中可以选择 setup 配置模式,也可以选择退出 setup 模式。如图 2.2.4 所示。

17

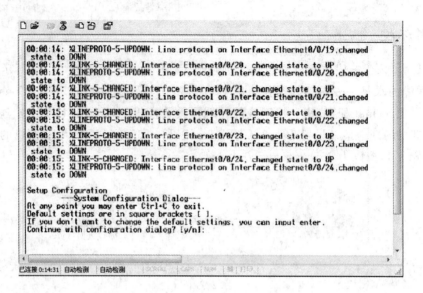

图 2.2.4

根据自己的需要,可以选择退出 setup 模式,进入一般用户配置模式。如图 2.2.5 所示。

图 2.2.5

(4) 当交换机进入带内命令状态后,可以进行以下实训内容。

2. 带内管理配置

注意:提供带内管理方式可以使连接在交换机中的某些设备具备管理交换机的功能。当交换机的配置出现变更,导致带内管理失效时,必须使用带外管理(Telnet)对交换机进行配置管理。

要使用 Telnet 远程管理交换机,交换机上必须要配置登录用户名和密码,并且本地主机能够 ping 通交换机上三层接口的 IP 地址,这个工作需要在带外管理模式下完成。

步骤如下。

(1) 在 Console 的全局配置模式下设置授权的 Telnet 用户。

switch ♯ create user ＜ name＞ { admin | guest}

/ *（user name 长度不能超过 15 个字符）创建一个新的用户 */

（2）给授权用户设置密码。

switch(cfg)♯ set user local ＜ name＞ login-password [＜ string＞]

/ *（login-password 长度不能超过 16 个字符）命令配置登录密码 */

switch(cfg)♯ set user { local | radius} ＜ name＞ admin-password ＜ string＞

/ *（admin-password 长度不能超过 16 个字符）创建管理员密码 */

（3）给交换机配置管理地址。

switch(cfg)♯ set vlan 1 add port 1-10

/ *把交换机 1～10 号端口增加到默认 vlan1 管理网络中 */

（4）进入管理网进行地址配置。

switch(cfg)♯ interface vlan 1

（5）配置管理地址。

switch(int-vlan1)♯ ip add 192.168.1.1 255.255.255.0

（6）保存配置,退出。开始测试。

（7）在主机上配置与管理地址相同网段的不同 IP 地址 192.168.1.3,如图 2.2.6 所示。

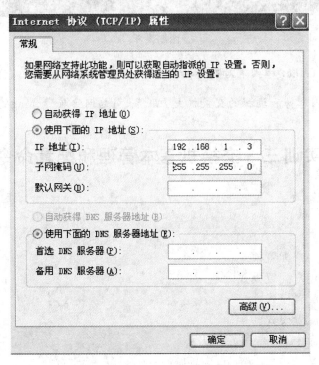

图 2.2.6

（8）在主机上的命令窗口中输入"telnet 192.168.1.1",如图 2.2.7 所示。

（9）单击"确定"按钮后出现如下窗口,如图 2.2.8 所示。

（10）输入刚刚配置的用户名口令,进入全局模式。

（11）在全局模式下就可以对交换机进行操作和配置了。

图 2.2.7

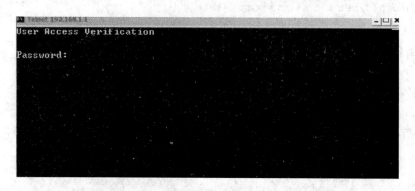

图 2.2.8

注意：在 Telnet 模式下对交换机配置时一定要注意，不要轻易修改管理地址，或者关闭管理端口，否则容易和远程的交换机失去联系，引起网络故障。

实训三　交换机基本管理和配置命令

一、实训目的

（1）熟悉一般用户配置模式。
（2）熟悉特权用户配置模式。
（3）了解全局配置模式。
（4）了解接口配置模式。
（5）其他常用命令。

二、实训原理

以太网的最初形态就是在一段同轴电缆上连接多台计算机，所有计算机都共享这段电缆。所以，每当某台计算机占有电缆时，其他计算机都只能等待。这种传统的共享以太网的方式极大地受到计算机数量的影响。为了解决上述问题，我们可以做到的是减少冲突域中的主机数量，这就是以太网交换机采用的有效措施。

以太网交换机在数据链路层进行数据转发时需要确认数据帧应该发送到哪一个端口，而不是简单地向所有端口转发，这就是交换机 MAC 地址表的功能。

以太网交换机包含很多重要的硬件组成部分：业务接口、主板、CPU、内存、Flash、电源系统。以太网交换机的软件主要包括引导程序和核心操作系统两部分。

三、实训环境

交换机 1 台，PC 1 台。Console 线连接如图 2.3.1 所示。

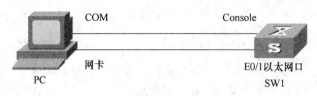

图 2.3.1

四、实训步骤

1. 交换机的用户界面

（1）用户模式：交换机开机直接进入用户模式视图。

当使用超级终端方式或 Telnet 方式登录交换机时，用户输入登录的用户名和密码后即进入用户模式。用户模式的提示符是交换机的主机名后跟一个"＞"号，如下所示：

switch＞

（2）特权用户配置模式：在用户模式下输入 enable 命令和相应口令后，即可进入特权配置模式，其中♯表示进入特权模式，如图 2.3.2 所示。

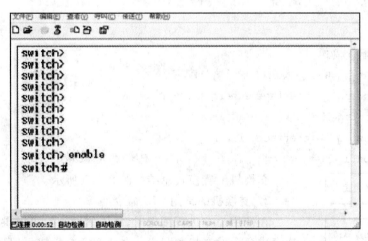

图 2.3.2

在特权用户配置模式下，用户可以查询交换机配置信息、各个端口的连接情况、收发数据统计等。而且进入特权用户配置模式后，可以进入到全局模式对交换机的各项配置进行修改，因此进行特权用户配置模式必须要设置特权用户口令，防止非特权用户的非法使用，对交换机配置进行恶意修改，造成不必要的损失。

(3) 全局配置模式：在特权模式下，输入"config terminal"命令或"conf t"命令，可以进入全局配置模式"switch(config)＃"。在此模式下，用户可以对交换机全局进行配置，可以使不同的对象进入相应的配置领域，如端口配置、VLAN 配置等。

(4) 操作显示结果如图 2.3.3 所示。

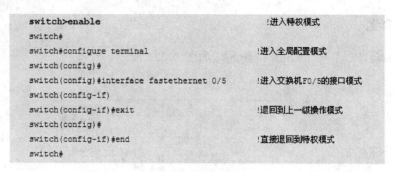

图 2.3.3

(5) 在此模式下设置特权用户命令，如图 2.3.4 所示。

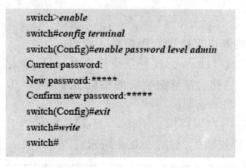

图 2.3.4

(6) 端口配置模式。

在全局模式下，可以进入端口进行端口配置。

switch(Config)＃interface ethernet 1/2

switch(Config-Eth1/2)＃　　　　　　　　/＊已经进入以太端口 1/2 的端口＊/

switch(Config)＃interface vlan 1

switch(Config-If-vlan1)＃　　　　　　　/＊已经进入 vlan1 接口＊/

交换机配置模式总结如图 2.3.5 所示。

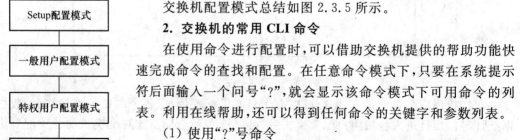

图 2.3.5

2. 交换机的常用 CLI 命令

在使用命令进行配置时，可以借助交换机提供的帮助功能快速完成命令的查找和配置。在任意命令模式下，只要在系统提示符后面输入一个问号"?"，就会显示该命令模式下可用命令的列表。利用在线帮助，还可以得到任何命令的关键字和参数列表。

(1) 使用"?"号命令

在任意命令模式的提示符下输入问号"?"，可显示该模式下的所有命令和命令的简要说明。举例如下：

```
switch>?
enable          enable configure mode
exit            exit from user mode
help            description of the interactive help system
show            show config information
list            print command list
--------- More -------
```

在 More 后面表示还有一些命令没有显示完全,按回车键显示一个命令或按空格键显示一页命令行。

在字符或字符串后面输入问号"?",可显示以该字符或字符串开头的命令或关键字列表。注意,在字符(字符串)与问号之间没有空格。举例如下:

```
switch(cfg)#c?
config clear create
switch(cfg)#c
```

在命令、关键字、参数后输入问号"?",可以列出下一个要输入的关键字或参数,并给出简要解释。注意,问号之前需要输入空格。举例如下:

```
switch(cfg)#config ?
snmp            enter SNMP config mode
router          enter router config mode
tffs            enter file system config mode
nas             enter nas config mode
group           enter group management config mode
switch(cfg)#config nas
```

如果输入不正确的命令、关键字或参数,按回车键后用户界面会出现命令未找到的提示。举例如下:

```
switch(cfg)#conf ter
% Command not found (0x40000066)
switch(cfg)#
```

在下列实例中,利用在线帮助设置一个用户名。

```
switch(cfg)#cre?
create
switch(cfg)#create ?
port            create descriptive name for port
vlan            create descriptive name for vlan
user            create user
switch(cfg)#create user
% Parameter not enough (0x40000071)
switch(cfg)#create user ?
<string> user name
```

switch(cfg)＃creat user wangkc?

＜cr＞

switch(cfg)＃creat user wangkc

这样就建立了 wangkc 用户。

(2) 使用 enable 命令

使用 enable 命令,可以使用户从普通用户模式进入特权用户模式。为了防止非特权用户的非法访问,在从普通用户配置模式进入特权用户配置模式时,要进行用户身份验证,即需要输入特权用户口令,输入正确的口令,则进入特权用户配置模式,否则保持普通用户配置模式不变。特权用户口令的设置为全局配置模式下的命令。举例如下:

Switch＞enable

password:*****

Switch＃

(3) 查看命令 show

使用 show 命令,可以使用户查看交换机各种配置信息、网络运行信息、出错信息。帮助用户调试网络运行状态,是一种经常使用的命令。举例如下:

switch＃show version　　　　/*查看交换机版本信息*/

switch＃show logfile　　　　/*查看日志文件信息*/

(4) 否定命令 no

对于许多配置命令可以输入前缀 no 来取消一个命令的作用或者是将配置重新设置为默认值。举例如下:

switch(cfg)＃hostname test　　　　/*配置交换机主机名称为 test */

test(cfg)＃no hostname　　　　/*取消主机名称 */

switch(cfg)＃

3. 交换机文件操作命令

交换机文件操作命令如表 2.3.1 所示。

表 2.3.1

步骤	命令使用	功能说明
1	switch(cfg)＃config tffs	进入文件系统配置模式
2	switch(cfg-tffs)＃md ＜ name＞	创建目录
3	switch(cfg-tffs)＃remove ＜ name＞	删除指定文件或目录
4	switch(cfg-tffs)＃rename ＜ name＞ ＜ name＞	更改文件名
5	switch(cfg-tffs)＃cd	更改当前目录
6	switch(cfg-tffs)＃ls	列出当前目录清单
7	switch(cfg-tffs)＃tftp ＜ A. B. C. D＞ { download| upload} ＜name＞	TFTP 下载/上载版本
8	switch(cfg-tffs)＃copy ＜ name＞ ＜ name＞	复制文件
9	switch(cfg-tffs)＃format	格式化 flash

4. 交换机常用系统命令操作

交换机常用系统命令操作如表 2.3.2 所示。

表 2.3.2

步骤	命令使用	参数	功能说明
1	switch(cfg)＃show	Running-config Date 等	显示系统信息命令
2	switch(cfg)＃hostname	主机名＜hostname＞	修改交换机显示名称
3	switch(cfg)ping	地址：A.B.C.D	检测网络连通性
4	switch(cfg)reboot		热启动交换机
5	switch(cfg)saveconfig		保存当前交换机配置
6	switch(cfg)set port	＜Portlist＞ enable/disable	关闭或激活端口

实训四　交换机的端口配置

一、实训目的

（1）以太网交换机物理端口的常见配置。

（2）查看交换机的端口信息。

二、实训原理

1. 交换机端口基础

交换机端口技术主要包含了端口自协商、网络智能识别、流量控制、端口聚合以及端口镜像等技术，它们很好地解决了各种以太网标准互联互通的问题。以太网主要有三种标准：标准以太网、快速以太网和千兆以太网。它们分别有不同的端口速度和工作模式。

2. 端口速率自协商

标准以太网其端口速率为固定 10 M。快速以太网支持的端口速率有 10 M、100 M 和自适应三种方式。千兆以太网支持的端口速率有 10 M、100 M、1 000 M 和自适应方式。以太网交换机支持端口速率的手工配置和自适应。默认情况下，所有端口都是自适应工作方式，通过相互交换自协商报文进行匹配。

当链路两端的一端为自协商，另一端为固定速率时，建议修改两端的端口速率，保持端口速率一致。如果两端都以固定速率工作，而工作速率不一致时，很容易出现通信故障，这种现象应该尽量避免。

3. 端口工作模式

交换机端口有半双工和全双工两种端口模式。目前交换机可以手工配置也可以自协商来决定端口究竟工作在何种模式。

三、实训环境

本实训采用 1 台交换机，1 台 PC。PC 通过串口线与交换机 Console 端口连接，如图 2.4.1 所示。

交换机Console口

交换机Console线

图 2.4.1

四、实训步骤

（1）通过超级终端进入交换机全局配置模式。

（2）进入交换机端口配置模式，命令如下：

switch(config)#interface eth1/2

　　　　　　　/*进入端口配置模式，在此模式下，对端口进行速率、双工、激活的配置*/

switch(config- eth1/2)#speed 100　　　/*设置端口速率为 100*/

switch(config-eth1/2)#duplex full　　/*设置双工模式*/

switch(config- eth1/2)#no shut　　　/*激活端口*/

switch(config- eth1/2)#exit　　　　/*退出端口配置模式*/

（3）查看以上配置信息，命令如下：

switch#show int eth0/1

显示结果如图 2.4.2 所示。

```
eth0/1 is up,  line protocol is up
  Description is none
  The port is electric
  Duplex full
  Mdi type:auto
  ULAN mode is trunk, pvid 1
  MTU 1500 bytes        BW 1000000 Kbits
  Last clearing of "show interface" counters never
    20 seconds input rate :          81174 Bps,          218 pps
    20 seconds output rate:          79671 Bps,          113 pps
  Interface peak rate   :
    input        7173711 Bps, output        7177402 Bps
  Interface utilization: input     0%,     output     0%
  Input:
```

图 2.4.2

（4）端口配置总结见表 2.4.1。

表 2.4.1

接口类型	进入方式	提示符	可执行操作	退出方式
CPU 端口	在全局配置模式下,输入命令 interface vlan l	switch(config-vlanl)#	配置交换机的IP 地址,设置管理 VLAN	使用 exit 命令即可退回全局配置模式
以太网端口	在全局配置模式下,输入命令 interface Ethernet <interface-list>	switch (config-if＜ ethernetxx ＞)# console(config-if)#	配置交换机提供的以太网接口的双工模式、速率、广播抑制等	使用 exit 命令即可退回全局配置模式

实训五　VLAN 的基础配置

一、实训目的

（1）掌握 VLAN 基本原理。

（2）掌握 VLAN 基本配置命令和配置注意事项。

（3）了解 VLAN 的使用和规划目的。

（4）掌握 VLAN 基本配置。

二、实训原理

虚拟局域网 VLAN 逻辑上把网络资源和网络用户按照一定的原则进行划分,把一个物理上的网络划分成多个小的逻辑网络。这些小的逻辑网络形成各自的广播域,也就是VLAN。广播报文不能跨越这些广播域传送。

三、实训环境

可网管交换机 1 台;配置交换机的计算机 2 台;连接交换机的 Console 端口专用线缆,连接PC 的直通网线;VLAN 划分,把端口 1～10 划入 VLAN 100。实训组网如图 2.5.1 所示。

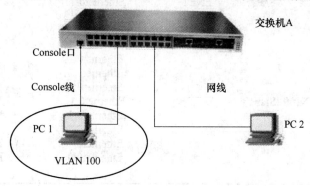

图 2.5.1

四、实训步骤

（1）连接网络拓扑。

（2）配置 PC1 的地址为 192.168.1.2，掩码为 255.255.255.0，PC2 的地址为 192.168.1.3，掩码为 255.255.255.0。

（3）在交换机上创建 VLAN 100，把交换机端口 1～10 号划入 VLAN 100，命令如下：

switch#conf

switch(config)#vlan 100

switch(config-vlan100)ip add 192.168.1.1 255.255.255.0

/*给 vlan 100 赋予地址*/

（4）把 1～10 号端口增加到 VLAN 100 中，命令如下：

switch(config-vlan100)#switchport interface eth0/1-10

显示结果如图 2.5.2 所示。

```
Set the port Ethernet0/1 access vlan 100 successfully
Set the port Ethernet0/2 access vlan 100 successfully
Set the port Ethernet0/3 access vlan 100 successfully
Set the port Ethernet0/4 access vlan 100 successfully
Set the port Ethernet0/5 access vlan 100 successfully
Set the port Ethernet0/6 access vlan 100 successfully
Set the port Ethernet0/7 access vlan 100 successfully
Set the port Ethernet0/8 access vlan 100 successfully
Set the port Ethernet0/10  access vlan 100 successfully
Set the port Ethernet0/11  access vlan 100 successfully
```

图 2.5.2

（5）用 show 命令查看 VLAN 100 的状况，如图 2.5.3 所示。

```
switch#show vlan
VLAN    Name      Type      Media        Ports
---- ---------- ---------- -------- --------------------------------
1       default   Static    ENET         Ethernet0/11        Ethernet0/12
                                         Ethernet0/13        Ethernet0/14
                                         Ethernet0/15        Ethernet0/16
                                         Ethernet0/17        Ethernet0/18
                                         Ethernet0/19        Ethernet0/20
                                         Ethernet0/21        Ethernet0/22
                                         Ethernet0/23        Ethernet0/24
100     VLAN100   Static    ENET         Ethernet0/1         Ethernet0/2
                                         Ethernet0/3         Ethernet0/4
                                         Ethernet0/5         Ethernet0/6
                                         Ethernet0/7         Ethernet0/8
                                         Ethernet0/9         Ethernet0/10
```

图 2.5.3

（6）把 PC 1 和 PC 2 连接在 1～10 号端口的任意端口上，测试 PC 1 和 PC 2 之间的连通性，在 A 机器上通过 Ping 命令测试两机之间的连通性。效果为通。

（7）把 PC 2 连接到交换机的端口换到端口 12 上，测试它们之间的连通性，效果不通。因为这两台计算机分别在不同的 VLAN 中。

注意：交换机的默认配置 VLAN 为 VLAN1，没有专门配置 VLAN 的时候，交换机的端口都在默认 VLAN1 中，所以此时端口 12 是在默认 VLAN1 中。

实训六　在多台交换机上配置相同 VLAN

一、实训目的

进一步深入理解 VLAN 的配置及 Trunk 端口的配置。

二、实训原理

按照标准规定，在原有的标准以太网帧格式中，增加一个特殊的标志域——Tag 域，用于标识数据帧所属的 VLAN ID。根据交换机处理 VLAN 数据帧的不同，可以将交换机的端口分为两类：一类是只能传送标准以太网帧的端口，称为 Access 端口；另一类是既可以传送有 VLAN 标签的数据帧，又可以传送标准以太网帧的端口，称为 Trunk 端口。

VLAN 的中继（Trunk）的产生是基于传递 VLAN 信息的需要。Trunk 是用来在不同的交换机之间进行连接，以保证在跨越多个交换机上建立的同一个 VLAN 的成员能够相互通信。其中，交换机之间或交换机与路由器互联用的端口称为 Trunk 端口。如果不同交换机上相同的 VLAN 要进行通信，那么可以通过共享的 Trunk 端口实现。Trunk 端口可以允许多个 VLAN 通过，可以接收和发送多个 VLAN 的数据帧，数据帧进入交换机 Trunk 端口时，都要被打上 VLAN 标签，离开交换机 Trunk 端口时需要去掉 VLAN 标签。

三、实训环境

可网管交换机 2 台；配置和测试交换机的 PC 2 台；连接交换机的 Console 端口专用线缆，直通网线 2 根。把 PC 1 连接在交换机 A 的 1～10 任意端口上，把 PC 2 连接在交换机 B 的 1～5 号任意端口上。交换机 A 的 23 号端口和交换机 B 的 23 号端口通过网线连接。

实训环境如图 2.6.1 所示。

四、实训步骤

（1）连接交换机和 PC。

（2）在交换机 A 上分别配置 VLAN 100 和 VLAN 200，将 1～5 号端口加入 VLAN 100 中，命令如下：

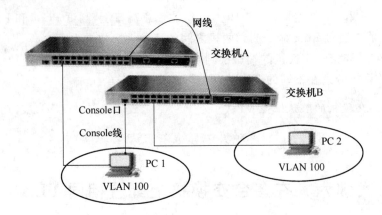

图 2.6.1

switch♯config

switch(config)♯vlan 100

switch(config-vlan 100)♯switchport interface eth0/1-10

/＊把端口 1~10 分到 vlan 100 中＊/

（3）同样在交换机 B 上也分别配置 VLAN 100 和 VLAN 200,将交换机 B 的 1~5 号端口加入 VLAN 100 中。

（4）将 PC 1 和 PC 2 的地址分别配置为 192.168.1.2 和 192.168.1.3,掩码为 255.255.255.0。

（5）测试连通性。在 PC 1 上 Ping PC 2 的地址,检查是否连通。效果为不通。

（6）配置交换机 A 的 Trunk 标记,对连接端口 23 进行封装标记配置,命令如下:

switch(config)♯int eth0/23

switch(config-eth0/23)♯switchport mode trunk

/＊设置交换机 23 号端口为 Trunk 模式,允许多个 vlan 的流量通过＊/

switch(config-eth0/23)♯switchport trunk add vlan100

/＊此端口允许 vlan 100 的流量通过＊/

（7）同样在交换机 B 上对连接 A 交换机的端口进行相同配置。

（8）在 PC 1 或 PC 2 上通过 Ping 命令测试它们之间的连通性,效果为通。

实训七 使用交换机端口镜像功能获取其他端口数据

一、实训目的

（1）了解端口镜像技术的使用场合。

（2）了解端口镜像技术的配置方法。

二、实训原理

当二层交换机设备在收到数据帧的时候,会根据目的地址的类型决定是否需要转发数据,而且如果不是广播数据,它只会将它发送给某一个特定的端口。这样的方式对网络效率的提高很有好处,但对于网管设备来说,在交换机连接的网络中监视所有端口的往来数据似乎变得很困难了。

解决这个问题的办法之一就是在交换机中进行配置,使交换机将某一端口的流量在必要的时候镜像给网管设备所在端口,从而实现网管设备对某一端口的监视。这个过程称为"端口镜像"。

端口镜像技术可以将一个源端口的数据流量完全镜像到另外一个目的端口进行实时分析。利用端口镜像技术,可以把某个端口的数据流量完全镜像到另外一个端口中进行分析。端口镜像完全不影响所镜像端口的工作。

三、实训环境

二层交换机 1 台,PC 3 台,Console 线 1 根,直通网线 3 根。如图 2.7.1 所示。

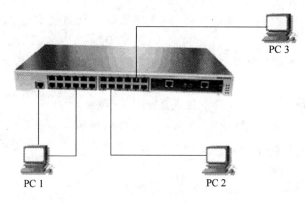

图 2.7.1

设备 IP Mask 端口的配置如表 2.7.1 所示。

表 2.7.1

设备	IP 地址	掩码	端口号
PC 1	192.168.1.101	255.255.255.0	交换机 e0/1
PC 2	192.168.1.102	255.255.255.0	交换机 e0/2
PC 3	192.168.1.103	255.255.255.0	交换机 e0/3

四、实训步骤

(1) 对交换机配置端口镜像,将端口 2 或者端口 3 的流量镜像到端口 1。
Switch(Config)#monitor session 1 source interface ethernet 0/2 both
/＊ 指定被镜像的端口,both 参数指接收和发送两个方向的数据都镜像 ＊/

Switch(Config)♯monitor session 1 destination interface ethernet 0//1

/＊指定用来镜像的端口为 eth0/1＊/

Switch(Config)♯exit

（2）验证配置如下。

Switch♯show monitor

session number：1

Source ports：Ethernet0/2

RX：No

TX：No

Both：Yes

Destination port：Ethernet0/1

Switch♯

（3）启动抓包工具，如 Sniffer 软件，在 PC 1 上 Ping PC 3，在 sniffer 上观察捕获的流量。

提示：

① 交换机目前只支持一个镜像目的端口，镜像源端口则没有使用上的限制，可以是 1 个也可以是多个，多个源端口可以在相同的 VLAN，也可以在不同 VLAN。但如果镜像目的端口要能镜像到多个镜像源端口的流量，镜像目的端口必须同时属于这些镜像源端口所在的 VLAN。

② 镜像目的端口不能是端口聚合组成员。

③ 镜像目的端口的吞吐量（带宽）如果小于被镜像源端口吞吐量的总和，则目的端口无法完全复制源端口的流量；减少源端口的个数或复制单向的流量，或者选择吞吐量更大的端口作为目的端口。

monitor session source interface 命令解释如下。

命令：monitor session ＜session＞ source interface ＜interface-list＞ {rx| tx| both}

no monitor session ＜session＞ source interface ＜interface-list＞

功能：指定镜像源端口。本命令的 no 操作为删除镜像源端口。

参数：＜session＞为镜像 session 值，取值范围为 1～100，根据堆叠组的数目，目前最多只能支持 9 个 session（在全部为 local 的情况下）。从 session 取值中无法辨别是 global 方式，还是 local 方式，两种方式采用 session 号统一编号。＜interface-list＞为镜像源端口列表，支持"-"、";"等特殊字符；rx 为镜像源端口接收的流量；tx 为镜像从源端口发出的流量；both 为镜像源端口进入和发出的流量。

项目二实训报告

实训报告单

姓名：　　　　学号：　　　　　　专业及班级：　　　　　　指导教师：

课程名称		实训项目	
时间		地点	

实训目的

实训内容

实训步骤和方法

备注

项目三 网络互联实训

网络层是 OSI 模型中的第三层,也是很重要的工作层。在网络层定义的"逻辑"地址(即 IP 地址)用来区别不同的网络,实现网络的互联和隔离,保持各个网络的独立性。

发送到其他网络的数据首先被送到有路由功能的网关,再由网关转发出去。因此网络层最基本也是最重要的功能就是路由和寻址。

路由器工作在网络层,也是认识网络层功能最直观的设备,路由器不转发广播消息,而把广播消息限制在各自的网络内部,从而保持各个网络具有相对的独立性,这样可以组成具有许多不同网络(子网)互联的大型的网络。

由于是在网络层的互联,路由器可方便地连接不同类型的网络,只要网络层运行的是 IP 协议,通过路由器就可互联起来。

IP 地址是与硬件地址无关的"逻辑"地址。路由器只根据 IP 地址来转发数据。IP 地址的结构有两部分,一部分定义网络号,另一部分定义网络内的主机号。目前,在 Internet 网络中采用子网掩码来确定 IP 地址中的网络地址和主机地址。子网掩码与 IP 地址一样也是 32 bit,并且两者是一一对应的,并规定子网掩码中数字"1"所对应的 IP 地址中的部分为网络号,"0"所对应的则为主机号。网络号和主机号合起来,才构成一个完整的 IP 地址。同一个网络中的主机 IP 地址,其网络号必须是相同的,这个网络称为 IP 子网。

通信只能在具有相同网络号的 IP 地址之间进行,要与其他 IP 子网的主机进行通信,则必须经过同一网络上的某个路由器网关(gateway)出去。不同网络号的 IP 地址不能直接通信,即使它们连接在一起,也不能通信。

路由器有多个端口,用于连接多个 IP 子网。每个端口的 IP 地址的网络号要求与所连接的 IP 子网的网络号相同。不同的端口为不同的网络号,对应不同的 IP 子网,这样才能使各子网中的主机通过自己子网的 IP 地址把要求出去的 IP 分组送到路由器上。

实训一 路由器的基本配置方法

一、实训目的

(1)熟悉路由器的 IOS 界面。

(2)掌握路由器管理的基本模式。

(3)掌握路由器的基本配置命令。

（4）掌握路由器的常用配置方法和命令。

（5）熟悉如何查看路由器状态和帮助信息。

二、实训原理

路由器是一个工作在 OSI 参考模型第三层的网络设备，其主要功能是检查数据包中与网络层相关的信息，然后根据某些规则转发数据包。

路由器的硬件组件包括如下：中央处理单元，随即存储器，闪存，非易失的 RAM，只读内存，路由器接口。路由器的软件同交换机一样，也包括一个引导系统和核心操作系统。

IOS 主要有四种模式：用户模式、特权模式、全局配置模式和局部配置模式。当使用 CLI 时，每种模式由该模式独有的命令提示符来标识。

三、实训环境

可网管路由器（三层或交换机）1 台；配置测试路由器的计算机 2 台；连接路由器的 Console 端口专用线缆，连接 PC 的直通网线 2 根。

实训环境如图 3.1.1 所示。

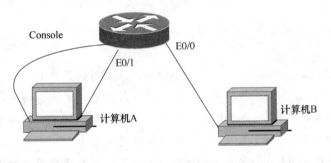

图 3.1.1

提示：在没有实际实训环境的地方，可以应用模拟软件进行模拟实训。

在没有专用路由器的条件下，可以用三层交换机通过划分 VLAN 的模式代替路由器的实训。

四、实训步骤

1. 进入路由器配置界面方式

1）Console 模式

（1）首先启动超级终端，单击 Windows 的"开始"→"程序"→"附件"→"通讯"→"超级终端"。

（2）根据提示输入连接名称后单击"确定"按钮，在选择连接的时候选择对应的串口（COM1 或 COM2），配置串口参数。

串口的配置参数与配置交换机时的超级终端设置一致。单击"确定"按钮即可正常建立与路由器的通信。

(3) 若路由器是第一次加电使用,它的 NVRAM 中没有配置文件,路由器会自动运行配置向导文件,如图 3.1.2 所示。

```
--- System Configuration Dialog ---

Would you like to enter the initial configuration dialog? [yes/no]: y

At any point you may enter a question mark '?' for help.
Use ctrl-c to abort configuration dialog at any prompt.
Default settings are in square brackets '[]'.

Basic management setup configures only enough connectivity
for management of the system, extended setup will ask you
to configure each interface on the system

Would you like to enter basic management setup? [yes/no]:
```

图 3.1.2

利用配置向导,用户可以很方便地配置路由器的各项参数。

2) Telnet 模式

(1) 在路由器上设置允许 Telnet 服务并配置一个允许 Telnet 登录的用户和口令,具体配置如下:

Router # config terminal	/ * 进入全局配置模式 * /
Router (config)#	/ * 全局配置模式提示符 * /
Router (config)# line vty 0 5	/ * 配置 VTY0 到 VTY5 的密码 * /
Router (config-line)# login	/ * 设置登录 * /
Router (config-line)# password network	/ * 设置控制终端密码为 network * /
Router (config-line)# end	/ * 直接回到特权模式 * /

(2) 配置路由器 E0/0 接口的以太网口的 IP 地址,相关配置如下:

Router (config)# interface E0/0	/ * 进入接口配置模式,对 f0/0 端口进行配置 * /
Router (config-if)#	/ * 接口配置模式提示符 * /

Router (config-if)# ip address 192.168.1.1 255.255.255.0

/ * 配置接口的 IP 地址与掩码,192.168.1.1 为接口的 IP 地址,255.255.255.0 为接口的子网掩码 * /

Router (config) #　　　　　　　　　 / * 全局配置模式提示符 * /

(3) 通过 show interface E0/0 来查看接口的配置信息。

(4) 在计算机上配置相关信息,测试网络连通性。

在计算机 B 上配置其 IP 地址为 192.168.1.10 ,子网掩码为 255.255.255.0,默认网关为 192.168.1.1。

(5) PC 的 IP 配置设置好之后,通过 Ping 命令测试到默认网关的连通性。

如果不能够 Ping 通,则通过 Ipconfig 命令检查 PC 本身的网络配置是否已配置好,通过在路由器上的 show interface 命令查看默认网关(路由器的 F0/1 口)的状态是否正常,PC 到默认网关的物理连接是否良好。如果正常,则在 PC 上单击"开始"菜单中的"运行"命令,在弹出的"运行"窗口中输入"cmd"命令运行 DOS 命令行界面,在 DOS 命令行中输入"telnet 192.168.1.1",然后根据提示输入 VTY 密码,即可远程登录路由器。

2. 路由器的全局参数配置

Router＞	/*用户模式*/
Router＞ enable	/*进入特权模式*/
Router＃	
Router＃config terminal	/*进入全局配置模式*/
Router＜config＞＃	/*在此模式下可以进行路由器全局参数的配置*/
Router＜config＞＃router 协议名称	/*进入协议配置模式*/
Router(config)＃hostname test	/*配置路由器的名称为 test*/
Router(config)＃end	/*直接返回特权模式*/
Router＃reboot	/*热重启路由器命令*/
Router＃show 参数	/*查看信息命令*/
Router＃show running-config	/*查看正在运行的配置文件*/

- 显示路由器的版本信息:show version
- 显示路由器的名称:show sysname
- 显示路由器的 CPU 占用情况:show processes
- 显示当前配置信息:show current-configuration
- 查看接口状态:show interface
- 查看路由表:show ip routing-table
- 显示历史命令:show history

3. 路由器的常用命令练习

1) 帮助命令

在学习路由器配置时,一定要学会使用帮助命令,可以借助路由器提供的帮助功能快速完成命令的查找和配置,也可以参考交换机常用帮助实训项目。

(1) 完全帮助:在任何视图下,输入"?"获取该视图下的所有命令及其简单描述。

(2) 部分帮助:输入一个命令,后接以空格分隔的"?",如果该位置为关键字,则列出全部关键字及其描述;如果该位置为参数,则列出有关的参数描述。在部分帮助里面,还有其他形式的帮助,如键入一个字符串其后紧接"?"。

路由器将列出所有以该字符串开头的命令;或者键入一个命令后接一个字符串,紧接"?",列出命令以该字符串开头的所有关键字。

2) show 命令

在路由器的配置过程中,show 命令常常帮助了解路由器的配置状况、运行状况、出错信息等,是一个使用频率很高的命令。如图 3.1.3 所示。

```
Router#show ?
access-group            MAC access-group
access-lists            List access lists
accounting              Accounting configurations parameters
address-bind            address binding table
AggregatePort           AggregatePort IEEE 802.3ad
arp                     ARP table
class-map               Show QoS Class Map
clock                   Display the system clock
configure               Contents of Non-Volatile memory
cpu                     CPU statistics
debugging               State of each debugging option
dot1x                   IEEE 802.1X information
fans                    Show fans' state
file                    Show filesystem information
gvrp                    GVRP configure command
host                    IP dns host table
interfaces              Interface status and configuration
ip                      IP information
ip-auth-mode            Show IP authentication mode
ipv6                    IPv6 information
key                     Key information
line                    TTY line information
logging                 Show the contents of logging buffers
```

图 3.1.3

举例如下:

- #show run,此命令可以显示当前路由器的配置信息。

- #show arp,此命令显示当前获得的链接信息,如图 3.1.4 所示。

```
Router #sh arp
Address         Age (min)  Hardware Addr  Type  Interface

10.10.10.221    3          0022.935b.b84d arpa  Gi1/3
10.10.10.238    13         00d0.f88e.6b82 arpa  Gi1/5
10.10.10.233    50         00d0.f811.8198 arpa  Gi1/6
10.10.10.229    2          0022.935b.b969 arpa  Gi1/7
10.10.10.225    2          0022.935b.b96d arpa  Gi1/8
172.16.0.1      8          00d0.d0c6.bd01 arpa  VL1000
172.16.0.2      8          00d0.d0c6.bce1 arpa  VL1000
172.16.0.4      8          0019.c600.27a5 arpa  VL1000
```

图 3.1.4

- #show ip router,此命令显示当前的路由信息,如图 3.1.5 所示。

```
Router #sh ip rou
IPv4 Routing Table:
Dest            Mask            Gw              Interface   Owner    pri metric
0.0.0.0         0.0.0.0         172.16.5.2      gei_1/1     static   1   0
10.150.11.0     255.255.255.0   172.16.7.1      gei_3/2     static   1   0
10.150.12.0     255.255.255.0   172.16.4.8      gei_1/2     static   1   0
172.16.4.0      255.255.255.0   172.16.4.3      gei_1/2     direct   0   0
172.16.4.3      255.255.255.255 172.16.4.3      gei_1/2     address  0   0
```

图 3.1.5

实训二　静态路由协议配置

一、实训目的

（1）掌握路由器上配置静态路由的命令。

（2）配置静态路由、默认路由。

二、实训原理

1. 路由协议

路由器依据路由表进行转发。路由表生成的方法很多，通常可分为手工静态配置和动态协议生成两类。对应的路由协议可划分为静态路由协议、动态路由协议两类。

2. 静态路由协议简介

静态路由是一种特殊的路由，由网络管理员采用手工方法在路由器中配置而成。在小规模的网络中，静态路由有如下一些优点。

（1）手工配置，可以精确控制路由选择，改进网络的性能。

（2）不需要动态路由协议参与，这将会减少路由器的开销，为重要的应用保证带宽。

3. 默认路由

默认路由是一种特殊的路由。当路由器在查找路由表，没有找到与目标相匹配的路由表项时，默认路由则是路由器为数据指定的路由。在路由表中，默认路由以到网络 0.0.0.0/0 的路由形式出现。所有的网络都会和这条路由记录符合，由于路由器在查询路由表时采用的是深度优先原则，子网掩码位数长的路由记录先作转发。而默认路由的掩码为 0，所以最后考虑。这样就保证了路由器将在路由表中查询不到数据包的相关路由信息时，最后采用默认路由转发。

默认路由可以通过静态路由手工配置，某些动态路由协议也可以自动生成默认路由，如 OSPF。默认路由的手工配置命令格式如下：

Router(config)# ip route 0.0.0.0 0.0.0.0　端口 ip

三、实训环境

实际组网中路由器是用来连接两个物理网络的，为了模拟实际环境，如图 3.2.1 所示连接路由器和计算机。

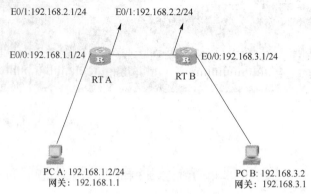

E0/1:192.168.2.1/24 E0/1:192.168.2.2/24

E0/0:192.168.1.1/24 E0/0:192.168.3.1/24

RT A RT B

PC A: 192.168.1.2/24
网关：192.168.1.1

PC B: 192.168.3.2
网关：192.168.3.1

图 3.2.1

四、实训步骤

(1) 为了标识路由器,修改路由器名称分别为 RT A、RT B。

(2) 按照实训环境表格中要求配置路由器各接口的 IP 地址。

(3) 配置 PC A 和 PC B 的 IP 地址及网关。

(4) 用 Ping 命令测试网络互通性。

(5) 完成上述配置后,用 show current-configuration 命令显示配置信息。

(6) 用 show ip route 命令显示路由表信息,找出第(4)步不能 Ping 通的原因。

(7) 用配置静态路由的办法来添加路由。例如,RT A 上的配置命令:

RTA♯config terminal

RTA(config)♯ip route 192.168.3.0 255.255.255.0 192.168.2.2

同样在 RT B 上配置类似命令:

RTB(config)♯ip route 192.168.1.0 255.255.255.0 192.168.2.1

(8) 用 show ip route 命令再次显示路由表。

(9) 完成之后用 Ping 命令再次测试网络互通性。验证步骤如下。

① 在 PC A 上 Ping RT B 的 E0/1 口的 IP,验证了可以和 RT B 的 E0/1 口连通。如图
3.2.2 所示。

图 3.2.2

② PC A Ping RT B 的 E0/0 口的 IP,证明通 192.168.3.0 网络。如图 3.2.3 所示。

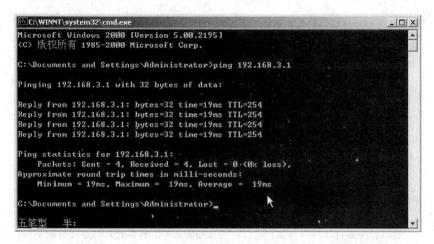

图 3.2.3

③ PC A Ping PC B 的地址 192.168.3.2,验证 192.168.1.0 网络和 192.168.3.0 网络之间的主机互通。如图 3.2.4 所示。

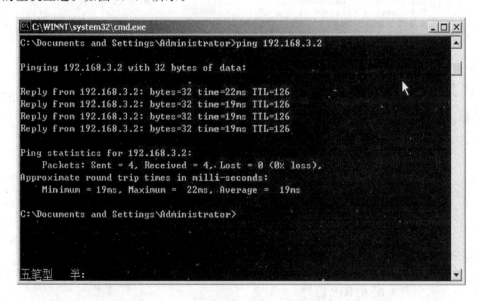

图 3.2.4

同样的,PC B 也可以通过 Ping 命令验证网络的互通性。

(10) 默认路由项配置

默认路由是一种特殊的路由,是当数据在查找路由表,没有找到和目标相匹配的路由表项时,为数据制定的路由。

在上面的实训中,配置静态路由时,RT A 继续按上面步骤配置,但是,把 RT A 和 RT B 的路由配置更改为默认路由:

RTA(config)# ip route 0.0.0.0 0.0.0.0 192.168.2.2
RTB(config)# ip route 0.0.0.0 0.0.0.0 192.168.2.1

完成默认路由配置后,可以验证一下两边网络是否连通。如图 3.2.5 所示。

```
[RTB]ip route-static 0.0.0.0 0.0.0.0 192.168.2.1
[RTB]ping 192.168.1.1
  PING 192.168.1.1: 56  data bytes, press CTRL_C to break
    Reply from 192.168.1.1: bytes=56 Sequence=1 ttl=255 time=26 ms
    Reply from 192.168.1.1: bytes=56 Sequence=2 ttl=255 time=26 ms
    Reply from 192.168.1.1: bytes=56 Sequence=3 ttl=255 time=26 ms
    Reply from 192.168.1.1: bytes=56 Sequence=4 ttl=255 time=26 ms
    Reply from 192.168.1.1: bytes=56 Sequence=5 ttl=255 time=26 ms

  --- 192.168.1.1 ping statistics ---
    5 packet(s) transmitted
    5 packet(s) received
    0.00% packet loss
    round-trip min/avg/max = 26/26/26 ms

[RTB]ping 192.168.1.2
  PING 192.168.1.2: 56  data bytes, press CTRL_C to break
    Reply from 192.168.1.2: bytes=56 Sequence=1 ttl=127 time=26 ms
    Reply from 192.168.1.2: bytes=56 Sequence=2 ttl=127 time=26 ms
    Reply from 192.168.1.2: bytes=56 Sequence=3 ttl=127 time=26 ms
    Reply from 192.168.1.2: bytes=56 Sequence=4 ttl=127 time=27 ms
    Reply from 192.168.1.2: bytes=56 Sequence=5 ttl=127 time=26 ms

  --- 192.168.1.2 ping statistics ---
    5 packet(s) transmitted
    5 packet(s) received
    0.00% packet loss
    round-trip min/avg/max = 26/26/27 ms
```

图 3.2.5

在这个例子中,RT B 接收到任何数据包后,如果它们的目的地不是紧邻的网络段,则 RT B 通过默认路由从它的接口 E0/1 向 192.168.2.1 发出。按照上面的测试步骤检验网络连通状态。

实训三　动态路由协议(RIP)配置

一、实训目的

(1) 在路由器上配置 RIP 协议。
(2) 掌握验证协议正确性配置的方法。

二、实训原理

1. 动态路由协议简介

在动态路由中,管理员不再需要手工对路由器上的路由表进行配置和维护,而是在每台路由器上运行一个路由表的管理程序。这个管理程序会根据路由器上的接口配置及所连接的链路的状态,生成路由表中的路由表项。

2. 动态路由协议分类

目前,使用的两种常见的动态路由协议算法是距离矢量算法和链路状态算法。

距离矢量算法就是相邻的路由器之间交换整个路由表,并进行矢量的叠加,最后生成整个路由表。目前常见的基于距离矢量算法的协议有 RIP、IGRP 等。

链路状态算法对路由的计算方法与距离矢量算法相比有本质的区别,它是一个层次状的。执行该算法的路由器不是简单地从相邻的路由器学习路由,而是把路由器分成区域,收集区域内所有路由器的链路状态信息,根据链路状态信息生成网络拓扑结构,每个路由器再根据拓扑结构图计算出路由,从而更新自己的路由表。目前常见的基于链路状态算法的协议有 OSPF、IS-IS。

3. RIP 路由协议简介

动态路由协议中,最常见的为 RIP 和 OSPF。

RIP 是一种相对简单的路由协议,但在实际中有着广泛的应用。它通过 UDP 报文交换路由信息,使用跳数来衡量到达目的地的距离。在 RIP 中,路由器与它直连网络的跳数为 0,通过一个路由器跳数加 1。为限制收敛时间,RIP 规定 metric 取值为 0~15 之间的整数,大于或等于 16 的对应目的网络不可达。

三、实训环境

实训环境如图 3.3.1 所示。

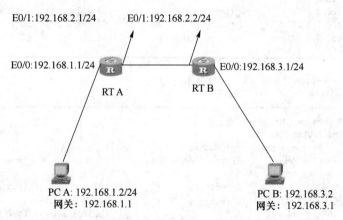

图 3.3.1

RT A 和 RT B 的连接通过端口连接,每个路由器不同的接口在不同的网络段中。

四、实训步骤

(1)删除静态路由的配置之后再启动 RIP 协议,其配置命令和配置信息以及路由表信息如下:

RTA(config)#no ip route 192.168.3.0 255.255.255.0 192.168.2.2

RTB(config)#no ip route 192.168.1.0 255.255.255.0 192.168.2.1

(2)动态路由协议 RIP 配置如下。

① 为 RT A 配置 RIP 动态路由如下:

RTA(config)#router rip

RTA(config-router)#network 192.168.1.0

RTA(config-router)#network 192.168.2.0

② 为 RT B 配置 RIP 动态路由如下：

RTB(config)#router rip

RTB(config-router)#network 192.168.2.0

RTB(config-router)#network 192.168.3.0

③ 测试两个网络中主机的连通性。

④ 分别在 RT A、RT B 上查看路由表，比较与配置静态路由时路由表的区别。

(3) 查看 RT A、RT B 的配置信息和路由表，路由表显示如图 3.3.2、图 3.3.3 所示。

```
RTA# show ip rou
Rouing Tables:Public
       Destinations:8      Routes:8
Destination/Mask      Proto   Pre    Cost      NextHop        Interface

127.0.0.0/8           Direct   0      0        127.0.0.1      InLoop0
127.0.0.1/32          Direct   0      0        127.0.0.1      InLoop0
192.168.1.0/24        Direct   0      0        192.168.1.1    Eth0/0
192.168.1.1/32        Direct   0      0        127.0.0.1      InLoop0
192.168.2.0/24        Direct   0      0        192.168.2.1    E0/1
192.168.2.1/32        Direct   0      0        127.0.0.1      InLoop0
192.168.2.2/32        Direct   0      0        192.168.2.2    E0/1
192.168.3.0/24        RIP      100    1        192.168.2.2    E0/1
```

图 3.3.2

```
RTB# show ip rou
Rouing Tables:Public
       Destinations:8      Routes:8
Destination/Mask      Proto   Pre    Cost      NextHop        Interface

127.0.0.0/8           Direct   0      0        127.0.0.1      InLoop0
127.0.0.1/32          Direct   0      0        127.0.0.1      InLoop0
192.168.1.0/24        RIP      100    1        192.168.2.1    Eth0/0
192.168.1.1/32        Direct   0      0        127.0.0.1      InLoop0
192.168.2.0/24        Direct   0      0        192.168.2.2    E0/1
192.168.2.2/32        Direct   0      0        127.0.0.1      InLoop0
192.168.2.1/32        Direct   0      0        192.168.2.1    E0/1
192.168.3.0/24        Direct   0      0        192.168.3.1    E0/0
```

图 3.3.3

实训四　网络地址转换

一、实训目的

(1) 了解 NAT 的工作原理。

（2）掌握 NAT 的分类及配置。

（3）掌握 NAT 内外地址的转换原理。

二、实训原理

1．NAT 技术

网络地址转换（Network Address Translation，NAT）也可称为网络地址翻译。NAT 是指将网络地址从一个地址空间转换为另外一个地址空间的行为；另外，通过地址转换，也能隐藏内网主机的真实 IP 地址，提高网络安全性。

2．NAT 术语

在 NAT 中，需要正确理解 4 个地址术语：Inside Local、Inside Global、Outside Local 和 Outside Global。

Inside（内部）是指那些由机构或企业所拥有的内部网络，在这些内部网络中的各主机通常分配的 IP 地址是私有 IP 地址。机构内部的私有 IP 地址即为 Inside Local 地址，经过转换的合法的公有 IP 地址则是 Inside Global 地址。

Local（本地）地址是不能在 Internet 上通信的 IP 地址。

Global（全局）地址是可以在与外界上通信的地址。

Outside（外部）是指除内部网络之外的所有网络，主要指 Internet。

三、实训环境

将 RT B 模拟为外部环境，而 RT A 下面连接的网络模拟为内部的网络环境。如图 3.4.1 所示。

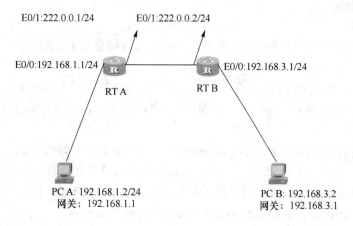

图 3.4.1

四、实训步骤

1．静态 NAT 配置

所谓静态 NAT 是指将一个内部本地 IP 地址转换成唯一的内部全局地址，即私有地址和合法地址之间的静态一一映射。这种转换通常用在内部网上的主机需要对外提供服务

（如 Web、E-mail 服务等）的情况。将内网地址转换为 222.0.0.0 网段中的一个固定地址，步骤如下。

（1）配置路由器 RT A、RT B 接口 IP 地址。

（2）配置 R1、R2 静态路由。

RTA(config)♯ip route 192.168.3.0 0.0.0.0 222.0.0.2

RTB(config)♯ip route 192.168.1.0 0.0.0.0 222.0.0.1

用 show ip route 查看路由表，已有静态路由 S 项。

（3）配置内部源地址静态 NAT。

RTA(config)♯interface E0/0

RTA(config-if)♯ip nat inside

/＊定义 E0/0 为内部网接口，将访问控制列表应用于接口＊/

RTA(config)♯interface E0/1

RTA(config-if)♯ip nat outside

/＊定义 E0/1 为外部网接口，将访问控制列表应用于接口＊/

RTA(config)♯ip nat inside source static 192.168.1.2 222.0.0.3

/＊将 192.168.1.2 的地址静态转换为 222.0.0.3＊/

RTA♯show ip nat statistics   /＊查看 NAT 转换信息＊/

2. 动态 NAT 配置

动态 NAT 的方式是一组内部本地地址与一个内部全局地址池之间建立起的动态的一一映射关系。在这种地址转换形式下，内部主机可以访问外部网络，外部主机也能对内部网络进行访问，但必须是在内网 IP 地址与内部全局地址之间存在映射关系时才能成功，并且这种映射关系是动态的。

配置步骤如下。

（1）定义内部全局地址池，地址池名为 campus，内部全局 IP 地址范围是从 222.0.0.5/24 到 222.0.0.20/24。

RTA(config)♯ip nat pool campus 222.0.0.5 222.0.0.20 netmask 255.255.255.0

（2）定义一个标准的 access-list 规则，以允许内部地址段 192.168.1.0/24 可以进行动态地址转换。

Campus(config)♯access-list 10 permit 192.168.1.0 0.0.0.255

（3）将由 access-list 10 指定的内部本地地址段 172.17.9.0/24 与指定的内部全局地址池 campus 中的从 202.96.65.3/24 到 202.96.65.10/24 的 IP 地址进行地址转换。

RTA(config)♯ip nat inside source list 10 pool campus

（4）指定连接网络的内部端口，campus 路由器的以太口 E0/0 作为内部端口。

RTA(config-if)♯ip nat inside

（5）指定连接外部网络的外部端口，RTA 路由器的同步端口 E0/1 作为外部端口。

RTA(config-if)♯ip nat outside

（6）完成后可以验证和诊断 NAT 转换。通过使用以下语句进行查看和调试。

RTA(config-if)♯show ip nat translations   验证 NAT 配置信息

RTA(config-if)♯show ip nat statistics   查看 NAT 统计信息

网络互联操作系统 IOS 部分命令汇总见表 3.4.1。

表 3.4.1

描述	配置命令		备注
用户模式	Switch>	Router>	交换机与路由器都是一样
特权模式	Switch>enable Switch#	Router>enable Router#	交换机与路由器都是一样 以下以路由器（Router）为例
全局配置模式	Router#config terminal Router（config）#		
接口配置模式	Router（config）#interface interface-id Router（config-if）#		interface-id 为接口
Line 模式	Router（config）#interface range interface-id-id Router（config-if-range）#		interface-id-id 例如，interface f0/1··2
配置主机名	配置主机名 Router（config）# hostname hostname		
配置使能口令	配置使能口令 Router（config）#enable password password		取消密码在前面加个 no
子接口模式	Router（config）#interface fa0/0.1 Router（config-subif）#		
路由模式	Router（config-router）#		
默认路由	Router（config）ip route 0.0.0.0 0.0.0.0 下一跳路由接口地址		0.0.0.0 0.0.0.0 表示任何网络
静态路由	Router（config）#ip route 目标网段 目标网段掩码 下一跳路由接口地址		例如，Router（config）#ip route 192.168.1.0 255.255.255.0 192.168.2.1
启用 rip 进程	Router（config）# router rip		
宣告主网络号	Router（config router）# network 主网络号 主网络号（如 192.168.1.0）		
查看路由表	Router#show ip route		
清空路由表	Router#clear ip route		
静态 NAT 配置	Router（config ）#ip nat inside source static local-ip global-ip Router（config）#interface 外部端口 Router（config）#ip nat outside Router（config）#interface 内部端口 Router（config）#ip nat inside 在内部和外口上启用 NAT		
显示 ARP 缓存	Router#show arp		

项目三实训报告

实训报告单

姓名：　　　　　学号：　　　　　　专业及班级：　　　　　　指导教师：

课程名称		实训项目	
时间		地点	
实训目的			
实训内容			
实训步骤和方法			
备注			

项目四　网络安全实训

网络安全是网络技术重要的保证,随着网络技术的发展,网络安全问题越来越突出,加强网络的安全管理涉及许多方面。在本章实训环境中,主要从网络安全策略(如防火墙技术、访问控制技术、安全漏洞扫描技术等方面)入手,让使用者对网络安全有一定的了解和应用。

实训一　安全访问控制表配置

一、实训目的

(1) 理解访问控制列表的作用。

(2) 掌握访问控制列表的配置命令。

二、实训原理

安全访问控制列表是一种对经过网络设备的数据流进行判断、分类、过滤的方法。准确地说,安全访问控制表(ACL)是一种根据协议、地址、端口号、连接状态以及其他参数,对数据流进行控制过滤的方法,是应用在网络设备接口上的一组有序的规则集合,每条规则都描述对匹配信息的数据采取的动作:允许通过或拒绝通过。其工作流程是,当应用了访问控制表的端口在判断执行条件时,按照 ACL 列表中的条件顺序判断是否执行该规则,如果一个数据包的包头与该规则匹配,则立即执行该规则(通过或拒绝),后面的规则忽略。

常用的访问控制列表可以分为两种:标准访问控制列表和扩展访问控制列表。标准访问控制列表仅仅根据 IP 报文的源地址域区分不同的数据流,扩展访问控制列表则可以根据 IP 报文中更多的域(如目的 IP 地址、上层协议信息等)来区分不同的数据流。所有访问控制列表都有一个编号,标准访问控制列表和扩展访问控制列表按照这个编号区分:标准访问控制列表编号范围为 1~99,扩展访问控制列表编号范围为 100~199。

三、实训环境

带网管功能的三层交换机(或路由器、防火墙)1 台,PC 2 台,连接交换机的 Console 线缆 1 根,网线等。连接拓扑如图 4.1.1 所示。

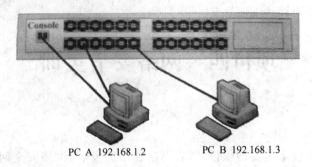

PC A 192.168.1.2   PC B 192.168.1.3

图 4.1.1

此实训设计两个环节,使用 ACL 控制两台机器的行为和使用 ACL 过滤已知特定攻击端口号。

四、实训步骤

(1) 在交换机上进行标准 ACL 配置,规则是:允许网段 192.168.1.0 访问网络,其他网段不允许访问网络。步骤如下。

① 通过 Console 登录交换机,进入配置模式。

Switch(config)♯

② 配置交换机的管理地址为 192.168.1.1。

Switch(config)♯interface vlan 1

Switch(config-vlan)♯ip address 192.168.1.1 255.255.255.0

Switch(config-vlan)♯exit

③ 在配置模式下进入 ACL 标准规则配置。

Switch(config)♯ acl standard number 10   /＊标准表配置＊/

Switch (config-acl)rule 1 permit 192.168.1.0 0.0.0.255

/＊允许网段 192.168.1.0＊/

Switch (config-acl) rule 2 deny any   /＊其余网段不允许＊/

Switch (config-acl)exit   /＊退出规则配置模式＊/

④ 配置端口控制流量进入。

switch(config)interface eth0/1-24

switch(config-port-range)♯ip access-group 10 in

⑤ 在两台机器上相互 Ping 对方的地址,检验效果为通。

⑥ 修改计算机 A 和计算机 B 的地址分别为 192.168.2.2 和 192.168.2.3,这时重新在两台计算机上 Ping 对方地址,效果为不通。

(2) 采用 ACL 配置扩展 ACL,规则如下。

　　IP 地址为 192.168.1.2 的计算机可以 Ping 通 IP 地址为 192.168.1.3 的计算机；IP 地址为 192.168.1.3 的计算机不能 Ping 通 IP 地址为 192.168.1.2 的计算机；IP 地址为 192.168.1.2 的计算机不能 Telnet 到交换机上；IP 地址为 192.168.1.3 的计算机可以 Telnet 到交换机上。

　　关闭 TCP 端口的方式为过滤特定报文，如防范冲击波病毒以及变种的端口 135、136、137、445 等，防范蠕虫病的端口 1433、1434。关闭 TCP 的 5554、4444 等。

　　步骤如下。

　　① 在配置模式下，进入 ACL 扩展规则配置。

```
Switch(config)#
```

　　② 配置交换机的管理地址为 192.168.1.1。

```
Switch(config)# interface vlan 1
Switch(config-vlan)# ip address 192.168.1.1 255.255.255.0
Switch(config-vlan)# exit
```

　　③ 配置扩展号。

```
Switch(config)# acl extended number 110
rule 1 permit icmp souce 192.168.1.2 any
Switch (config-acl) rule 2 deny icmp source 192.168.1.3 any
Switch (config-acl) rule 3 permit tcp 192.168.1.3 0 0.0.0.255 any eq telnet
Switch (config-acl)rule 4 deny tcp 192.168.1.2 0.0.255.255 any eq telnet
Switch (config-acl) rule 3 deny tcp any any eq 135
Switch (config-acl) rule 4 deny tcp any any eq 136
Switch (config-acl) rule 5 deny tcp any any eq 137
Switch (config-acl) rule 6 deny tcp any any eq 138
Switch (config-acl) rule 7 deny tcp any any eq 139
Switch (config-acl) rule 8 deny tcp any any eq 445
Switch (config-acl) rule 9 deny tcp any any eq 389
Switch (config-acl) rule 10 deny tcp any any eq 593
Switch (config-acl) rule 11 deny tcp any any eq 1433
Switch (config-acl) rule 12 deny tcp any any eq 4444
Switch (config-acl) rule 14 deny tcp any any eq 1433
Switch (config-acl) rule 15 deny tcp any any eq 1434
Switch (config-acl) exit
```

　　④ 在端口上应用规则。

```
switch(config)# interface eth0/1-24
switch(config-port-range)# ip access-group 110 in
```

实训二　网络管理

一、实训目的

（1）理解并掌握网络管理的原理、必要性和方法。

（2）掌握一款网管软件的使用方法。

（3）通过网络管理系统中事件管理器、拓扑管理器和性能管理器的使用，了解网络管理系统在网络管理中的配置及使用过程。

二、实训原理

网络管理功能业务是呈现给用户的业务，从用户的视角来感知网络状态。管理功能是组成管理业务的基础，分为五大管理功能领域：故障管理功能域、配置管理功能域、计费管理功能域、性能管理功能域、安全管理功能域。

一般网管软件包括的功能如下。

1. 事件管理器

事件管理器是小型数据库管理软件，是对事件包括标准 Trap 事件、网络设备 Trap 事件、拓扑管理事件、性能管理器阈值报警事件以及未知类型事件进行统一组织存储和管理。事件通过 UDP 端口进行接收，根据事件规则直接进行分类存储或标记、删除。默认情况下，UDP 端口为 162。Trap 事件存储在 Trap 事件文件夹中，性能管理器的阈值报警事件存储在阈值报警文件夹中，拓扑管理事件存储在系统事件中。

事件管理器的主要功能包括：事件文件夹的新建、删除，事件规则的创建、删除，系统属性设置，事件查找，数据库维护，事件的标记、移动存储、删除等。可以通过设置 UDP 端口，新建事件文件夹，新建事件规则，把接收到的事件根据规则进行分类存储或者标记、删除。可以结合事件移动存储、删除、数据库维护、查找等功能对现有的数据库事件信息进行组织和管理。

2. 拓扑管理器

拓扑管理器用于描绘网络拓扑结构。拓扑管理器提供简单易用的拓扑编辑方式简化了用户操作，管理员可使用其提供的自动发现和管理员自绘两种方法，详细表达网络逻辑拓扑和物理拓扑。

拓扑管理器可作为管理网络设备的平台，通过与软件提供 Mib-Browser、RMON View 以及相应的 Telnet 客户端、Web 浏览器结合构成对设备的集成管理。

拓扑管理器支持设备响应监视功能，通过使用强大的 MS Windows 协议栈，拓扑管理可定期检测资源数据库中的设备响应时间，并将设备依据其当前状态的不同进行标识。

通过与事件管理器的结合，性能管理器可将设备状态改变信息转化为网络拓扑事件，并传输到事件管理器中进行统一管理。

3. 性能管理器

性能管理器定时采集网络报文流量信息，用可视化曲线走势图描述报文流量与时间的对应关系,实时监视网络性能。性能管理器实现同时监视多台网络设备和网络设备的多个接口,并提供多文档的曲线走势图。功能包括:性能组的新建、删除,性能点的添加、删除,网络报文流量的阈值报警功能,曲线走势图的打印功能,曲线走势图管理,网络报文流量的信息表功能等。

三、实训环境

1台教师机,安装中文 Windows 2000 Professional 或以上版本,且安装了 SNMP 服务,保证服务处于启动状态;若干台学生机;可网管的交换机。基于 TCP/IP 的网络环境,被管理设备正确设置了 SNMP 参数。

四、实训步骤

(1) 在网管主机上正确安装 SiteView 和 SQL Server 数据库。

(2) 在客户机上安装 SiteView Client,便于服务器管理。

(3) 安装完成后,登录系统,第一次登录 SiteView 可以使用系统提供的用户名和密码(参见不同的网管软件)。本案例使用的用户名为 admin。如图 4.2.1 所示。

图 4.2.1

(4) 根据提示完成数据源的配置。

首先在网管服务器和被网管的设备上安装 SNMP 协议。在控制面板中单击"添加/删除程序"→"添加/删除 Windows 组件",在组件菜单中选择"管理监视工具",并在"管理/监视工具"中选择"简单网络管理协议"即可,如图 4.2.2 所示。

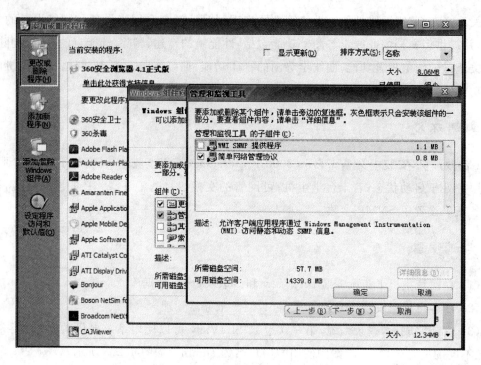

图 4.2.2

SNMP 安装好以后,检查 SNMP 服务是否启动。方法如下:打开任务管理器,见图 4.2.3,如果能够看到 SNMP 进程就证明 SNMP 已经启动,如果没有,则需要启动 SNMP 进程。在控制面板中选择"管理工具"→"管理工具"→"服务",查看 SNMP 服务的状态,如果是如图 4.2.3 所示状态,则为正常状态,如果不是,则需要改变。

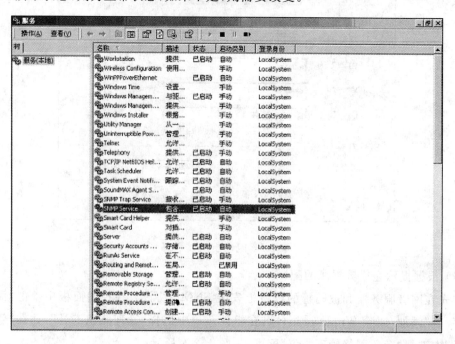

图 4.2.3

在被网管的设备上也启动 SNMP 服务。SNMP 的默认共同体名为 public,用户为了安全起见可能要求改变这一默认配置。同时安装客户端代理软件。

（5）开始安装网管软件,安装完成后启动系统。

1. 网络平台管理系统

（1）设置拓扑图参数

单击"拓扑图菜单"→"设置拓扑图菜单",进行拓扑图的参数设置,包括搜索设备的算法设置、设备发现的方法等参数。见图 4.2.4、图 4.2.5。

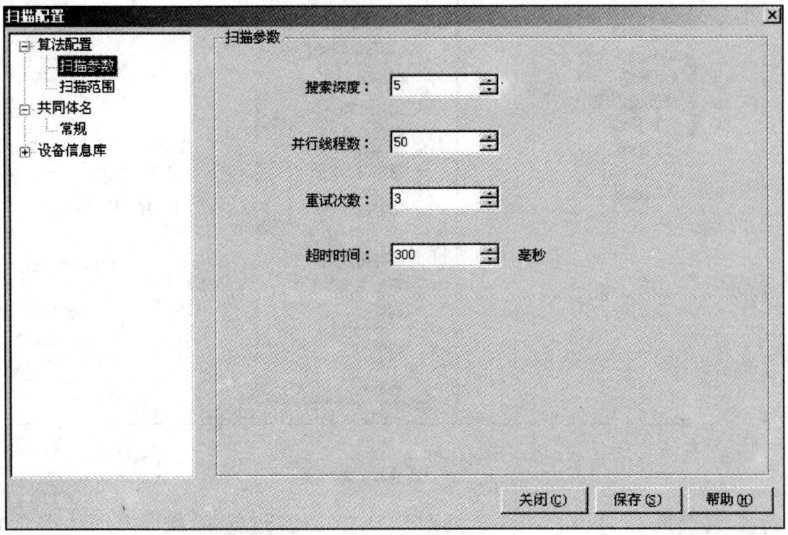

图 4.2.4

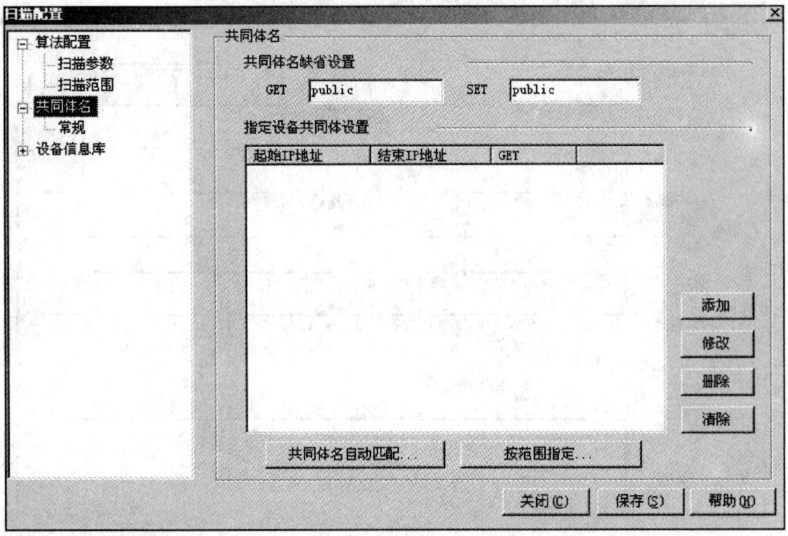

图 4.2.5

完成拓扑参数设置后,单击"确定"按钮,系统自动生成网络拓扑图。

拓扑图生成后,保存拓扑,如果有不完善的地方,可以进行拓扑修改等操作。

（2）设备管理子菜单

单击"设备菜单"，出现设备管理菜单，可以进行设备配置管理、设备状态监视管理、设备相关的实时信息、设备具体面板查看等操作。见图 4.2.6。

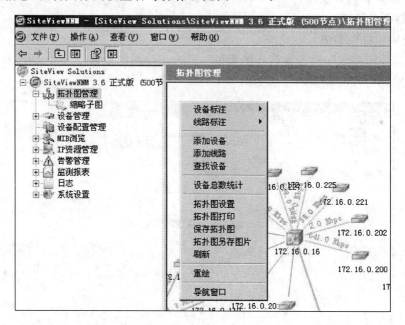

图 4.2.6

单击设备参数查询和修改菜单，查询对象属性。通过选择设备的 IP 地址，可以查看设备的信息。如图 4.2.7 所示。

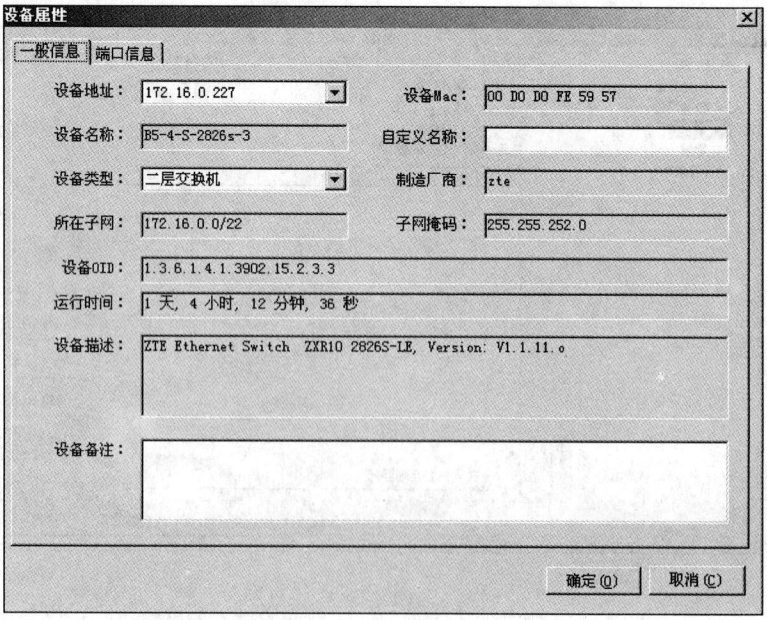

图 4.2.7

查看设备面板,单击菜单中的"设备面板"菜单,选中"设备",出现如图 4.2.8 所示的界面。通过弹出菜单可以查看设备面板的状态信息,包括接口信息、IP 表信息等。

图 4.2.8

如果需要查询设备接口信息,可以单击具体端口,即出现端口的实时信息。如图 4.2.9 所示。

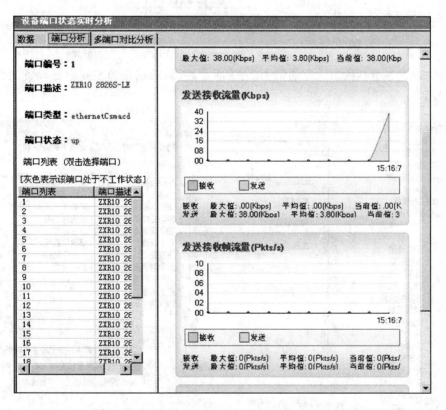

图 4.2.9

(3) 服务和监视菜单操作

单击"监测报表"菜单设置,菜单中包括很多关于设备和服务的监测属性设置,包括设备的各种状态监测。如图 4.2.10 所示。

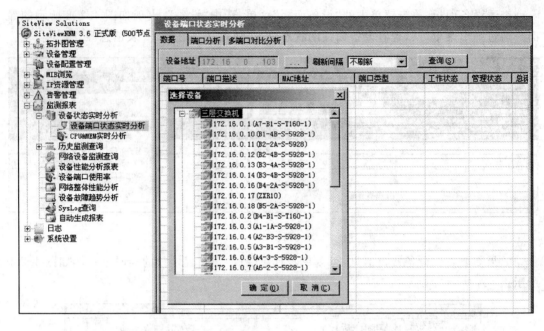

图 4.2.10

选择"设置告警参数",出现如图 4.2.11 所示界面,可以按照实际设置设备的各种情况告警参数。

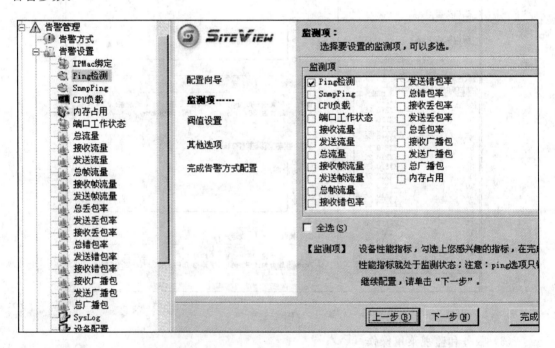

图 4.2.11

设置网络告警,选择网络告警参数,如图 4.2.12 所示。

设置主机监视告警,选择主机监视告警选项,会出现选项的类型,根据需要设置参数。如图 4.2.13 所示。

告警设置	
监视项目名称	说明
IPMac绑定	监控设备的物理地址与IP地址之间的映射关系，在IPMac绑定变化时发生
Ping检测	测试设备是否能够连通，在设备无法Ping通时发出告警，在拓扑图上面.
SnmpPing	可进行SnmpPing设置，该设置只针对安装了Snmp协议的设备，如果无法S
CPU负载	针对设备的CPU使用率进行监控，防止CPU一直处于超负荷状态，拓挖
内存占用	针对设备的内存使用率进行监控，为优化设备性能提供依据，拓扑图图
端口工作状态	…
总流量	针对设备的端口总流量进行监控，总流量超标时发出告警提示用户，拓
接收流量	针对设备的端口接收流量进行监控，接收流量超标时发出告警提示用户.
发送流量	针对设备的端口发送流量进行监控，发送流量超标时发出告警提示用户.
总帧流量	针对设备的端口总帧流量进行监控，总帧流量超标时发出告警提示用户.
接收帧流量	针对设备的端口接收帧流量进行监控，入帧流量超标时发出告警提示用.
发送帧流量	针对设备的端口发送帧流量进行监控，发送帧流量超标时发出告警提示.
总丢包率	针对设备的端口总丢包率进行监控，总丢包率超标时发出告警提示用户.
发送丢包率	针对设备的端口发送丢包率进行监控，发送丢包率超标时发出告警提示.
接收丢包率	针对设备的端口接收丢包率进行监控，接收丢包率超标时发出告警提示.
总错包率	针对设备的端口总错包率进行监控，总错包率超标时发出告警提示用户.
发送错包率	针对设备的端口发送错包率进行监控，发送错包率超标时发出告警提示.
接收错包率	针对设备的端口接收错包率进行监控，接收错包率超标时发出告警提示.
接收广播包	针对设备的端口广播包进行监控，接收端口广播包超标时发出告警提示.
发送广播包	针对设备的端口广播包进行监控，发送端口广播包超标时发出告警提示.
总广播包	针对设备的端口广播包进行监控，发送端口广播包超标时发出告警提示.
SysLog	
设备配置	
自定义告警	

图 4.2.12

告警设置	
监视项目名称	说明
IPMac绑定	监控设备的物理地址与IP地址之间的映射关系，在IPMac绑定变化时发生告警，告警信
Ping检测	测试设备是否能够连通，在设备无法Ping通时发出告警，在拓扑图上面显示为灰色
SnmpPing	可进行SnmpPing设置，该设置只针对安装了Snmp协议的设备，如果无法Snmp Ping通拓
CPU负载	针对设备的CPU使用率进行监控，防止CPU使用一直处于超负荷状态，拓扑图上图标含义
内存占用	针对设备的内存使用率进行监控，为优化设备性能提供依据，拓扑图上图标含义：红色
端口工作状态	…
总流量	针对设备的端口总流量进行监控，总流量超标时发出告警提示用户，拓扑图上显示为红
接收流量	针对设备的端口接收流量进行监控，接收流量超标时发出告警提示用户，拓扑图上显示
发送流量	针对设备的端口发送流量进行监控，发送流量超标时发出告警提示用户，拓扑图上显示
总帧流量	针对设备的端口总帧流量进行监控，总帧流量超标时发出告警提示用户，拓扑图上显示
接收帧流量	针对设备的端口接收帧流量进行监控，入帧流量超标时发出告警提示用户，拓扑图上显
发送帧流量	针对设备的端口发送帧流量进行监控，发送帧流量超标时发出告警提示用户，拓扑图上
总丢包率	针对设备的端口总丢包率进行监控，总丢包率超标时发出告警提示用户，拓扑图上显示
发送丢包率	针对设备的端口发送丢包率进行监控，发送丢包率超标时发出告警提示用户，拓扑图上
接收丢包率	针对设备的端口接收丢包率进行监控，接收丢包率超标时发出告警提示用户，拓扑图上
总错包率	针对设备的端口总错包率进行监控，总错包率超标时发出告警提示用户，拓扑图上显示
发送错包率	针对设备的端口发送错包率进行监控，发送错包率超标时发出告警提示用户，拓扑图上
接收错包率	针对设备的端口接收错包率进行监控，接收错包率超标时发出告警提示用户，拓扑图上
接收广播包	针对设备的端口广播包进行监控，接收端口广播包超标时发出告警提示用户，拓扑图上
发送广播包	针对设备的端口广播包进行监控，发送端口广播包超标时发出告警提示用户，拓扑图上
总广播包	针对设备的端口广播包进行监控，发送端口广播包超标时发出告警提示用户，拓扑图上
SysLog	
设备配置	
自定义告警	

图 4.2.13

2. 应用服务资源管理与监控

服务器监控管理支持对 Windows 2000/XP/2003/Linux/UNIX 等服务器及小型机系统、Oracle、SQL Server 数据库的管理，提供主机存储表信息、主机进程表信息、数据库详细信息监控。

单击"服务和监控"菜单，选择应用服务状态监控，查看服务器的基本信息。如图 4.2.14、图 4.2.15 所示。

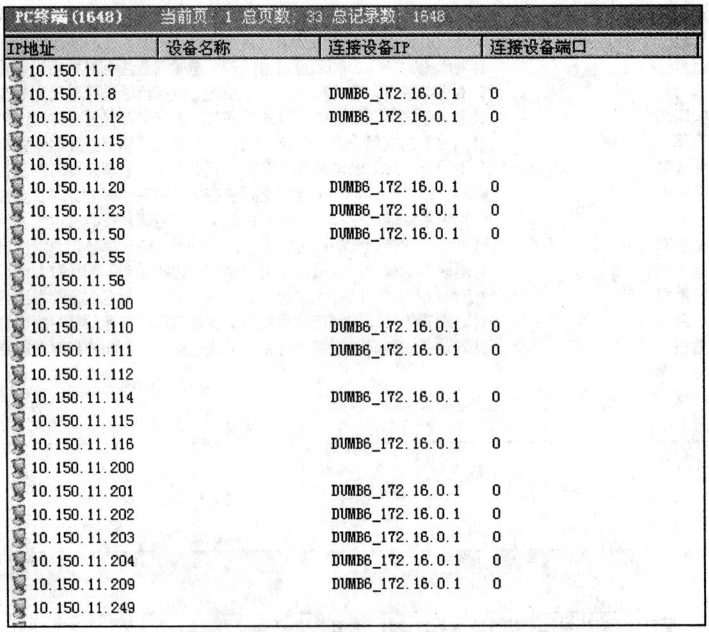

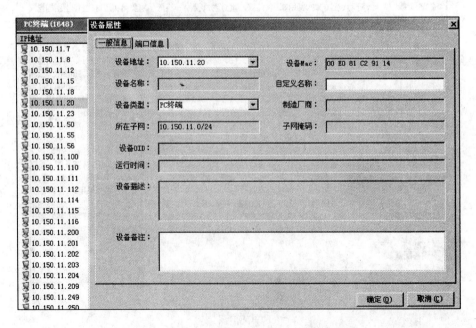

图 4.2.14

图 4.2.15

单击运行状态,可以查看被管机器的运行状态,包括 CPU、内存硬盘等信息。如图 4.2.16、图 4.2.17 所示。

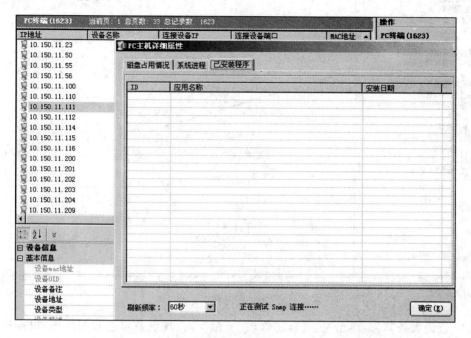

图 4.2.16

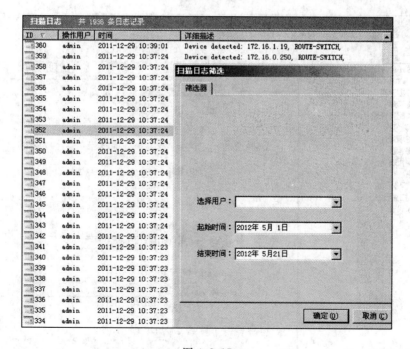

图 4.2.17

3. 日志管理

通过查看网络日志,可以很方便地获取网络的各种信息。

(1) 单击菜单"日志",在下拉菜单中可以选择设备日志、系统日志和拓扑报告内容。如

图 4.2.18 所示。

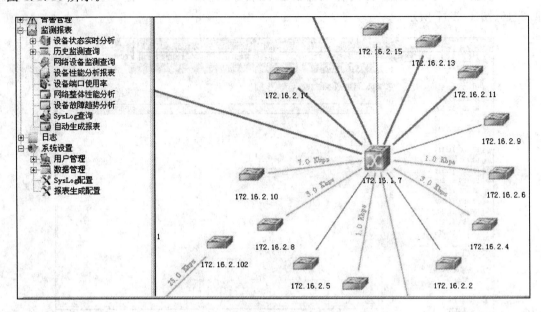

图 4.2.18

（2）查询设备日志，单击"设备日志管理"子命令，出现设备日志管理界面，根据设备 IP 地址和告警类型，可以出现查询的结果。如图 4.2.19 所示。

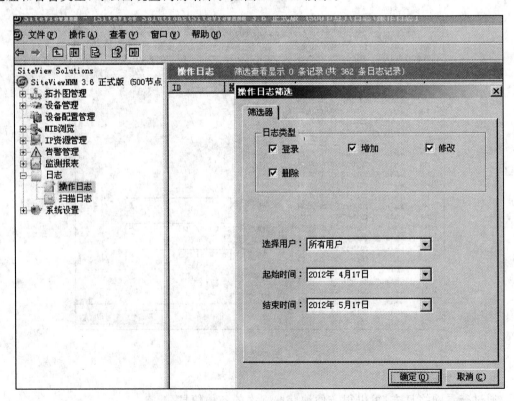

图 4.2.19

（3）查询系统操作日志，单击"系统操作查询"子命令，出现的管理界面如图 4.2.20 所示。

选择查询时间范围和操作用户，出现在此时间段用户的所有操作动作。

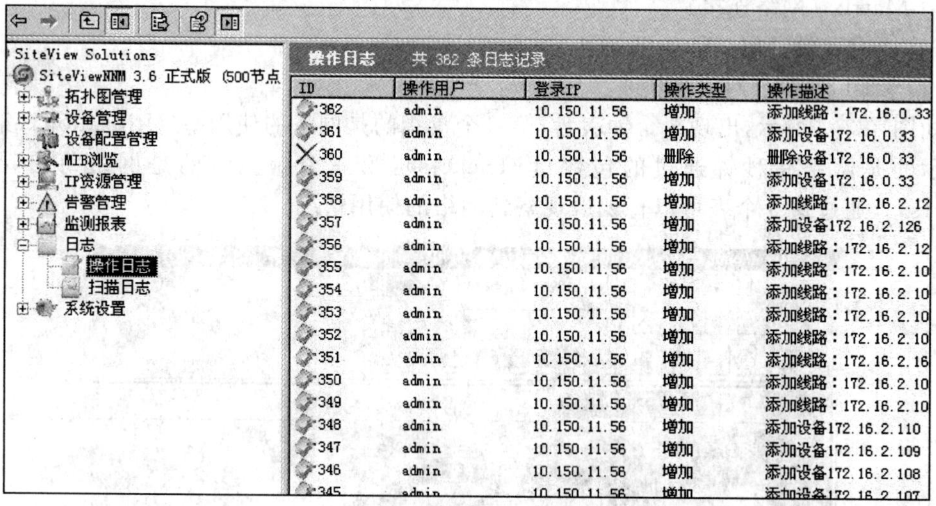

图 4.2.20

实训三 Sniffer Pro 软件的使用

一、实训目的

了解 Sniffer Pro 的基本使用及工作原理，学会利用 Sniffer 捕包并分析，掌握 Sniffer 的常用方法。通过运用这款软件，能有效地分析网络故障及网络攻击的源头，分析网络存在的不安全因素。

能利用 Sniffer Pro 进行网络流量分析：

（1）利用 Sniffer 的 Host Table 功能，找出产生网络流量最大的主机；

（2）分析这些主机的网络流量流向，用 Sniffer 的 Matrix 查看发包目标；

（3）通过 Sniffer 的解码（Decode）功能，了解主机向外发出的数据包的内容。

二、实训原理

Sniffer Pro 是一款非常优秀的协议分析软件，其支持的协议丰富，解码分析速度快。它具有如下主要功能：

• 捕获网络流量进行详细分析；

• 利用专家分析系统诊断问题；

• 实施监控网络活动；

• 收集网络利用率和错误等。

Sniffer Pro 的常用功能表有：

• Dashboard（网络流量表）；

- Host table(主机列表);
- Detail(协议列表);
- Bar(流量列表);
- Matrix（网络连接）。

Snifer Pro 的常用功能如下。

（1）Dashboard（网络流量表）

如图 4.3.1 所示，出现 3 个钟表盘，第一个盘指的是网络的使用率（Utilization），第二个盘显示的是网络每秒钟通过的包数量（Packets），第三个盘显示的是网络每秒错误率（Errors）。通过这 3 个表可以直观地观察到网络的使用情况。

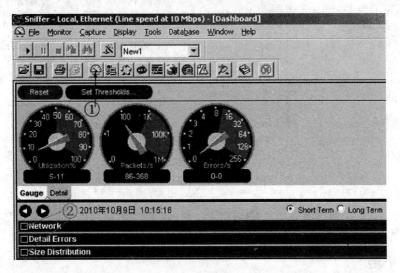

图 4.3.1

（2）Host table(主机列表)

如图 4.3.2 所示，单击①所指的图标，出现图中显示的界面。主机表主要显示连接在网络中的活动主机，可以选择按照 MAC 地址、IP 地址或 IPX 显示主机列表。

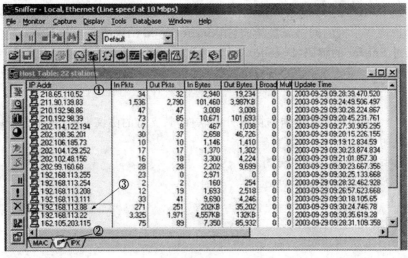

图 4.3.2

（3）Detail（协议列表）

在 Detail 协议列表中显示的是整个网络的协议分布情况,可清楚地看出每台机器运行的协议,如图 4.3.3 所示。

Protocol	Address	In Packets	In Bytes	Out Packets	Out Bytes
	192.168.100.1	1	79	0	0
	192.168.113.88	9	2,036	9	730
	192.168.113.111	36	13,713	37	2,879
DNS	192.168.113.22	3	396	3	240
	192.168.113.254	3	240	3	396
	202.99.160.68	45	3,530	45	15,749
FTP_Ctrl	202.114.122.194	7	467	8	1,038
	192.168.113.22	8	1,038	7	467
	211.90.139.83	1,536	101,460	2,790	3,987KB
	162.105.203.115	162	15,474	203	190KB
	61.145.114.153	17	1,540	15	16,925
	210.192.98.39	73	10,671	85	101,693
	192.168.113.88	212	194KB	193	28,246
	218.201.44.82	5	558	4	555
	202.3.77.27	10	1,341	9	2,009
HTTP	202.3.77.199	44	7,990	46	42,442
	202.204.112.63	1,717	107KB	3,367	4,726KB
	202.67.194.70	5	582	3	312
	192.168.113.22	6,453	8,925KB	3,510	228KB
	210.192.98.86	78	4,992	78	4,992
	192.102.48.156	16	3,300	18	4,224
	202.108.36.201	30	2,658	37	46,726
	202.106.185.73	10	1,146	10	1,410
	192.168.113.99	84	11,396	66	9,510

MAC IP IPX

图 4.3.3

（4）Bar（流量列表）

在 Bar 列表图标中显示的是整个网络的机器所用带宽前 10 名的情况。显示方式有柱状图、饼状图等,如图 4.3.4 所示。

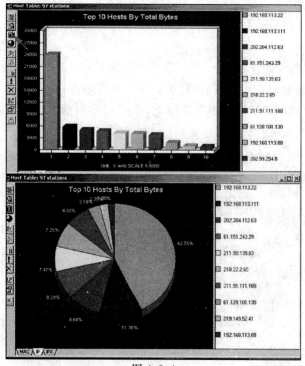

图 4.3.4

（5）Matrix（网络连接）

　　网络连接图显示的是全网的连接状态,屏幕上的绿线表示正在发生的网络连接,蓝线表示过去发生的连接。将鼠标放到线上可以看出连接情况。右击鼠标,在弹出的菜单中可选择放大。如图 4.3.5 所示。

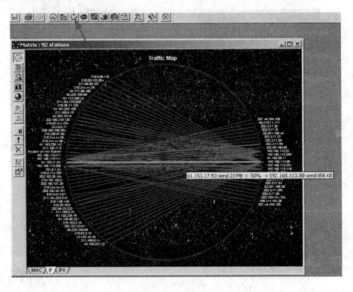

图 4.3.5

三、实训环境

　　交换机 1 台,计算机若干台。安装 Sniffer Pro,交换机最好可以并联入网络。

四、实训步骤

1. Sniffer 软件的安装及部署

　　Sniffer 软件安装在代理服务器、要监控的应用服务器或接在交换机镜像口的主机上。

　　安装过程中要注意的是,因为不支持中文,所有的信息都要填数字和英文,否则提示格式不对。如图 4.3.6 所示。

图 4.3.6

2. 设置 Sniffer 菜单及功能

Sniffer 进入时,需要设置当前机器的网卡信息。选择需要监听的网卡,如果没有,单击右边的"新建"按钮,添加存在的网卡。如图 4.3.7、图 4.3.8 所示。

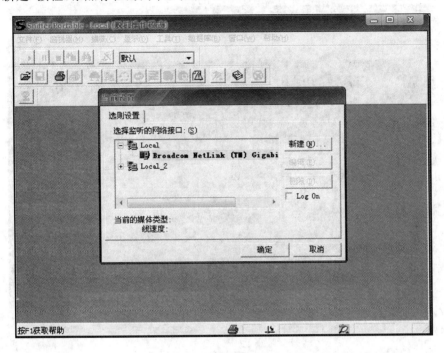

图 4.3.7

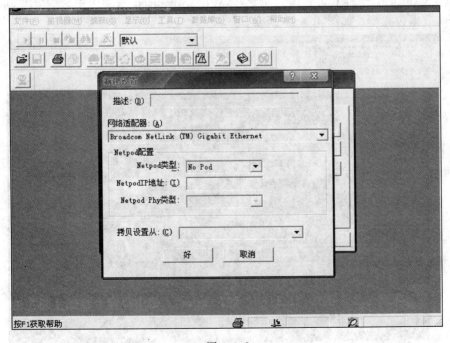

图 4.3.8

3. 开始抓包

（1）捕获数据包

选择"Monitor"→"Matrix"命令，此时可看到网络中的 Traffic Map 视图，如图 4.3.9 所示。

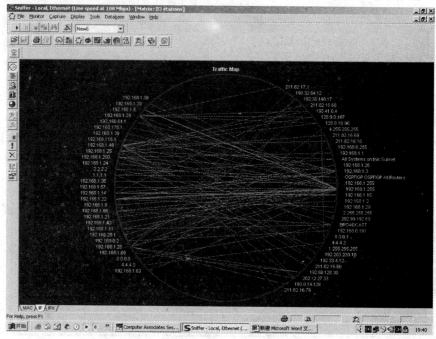

图 4.3.9

选择"Capture"→"Define Filter"命令，然后在"Advanced"选项卡中选中"IP"，从而定义要捕捉的数据包类型。如图 4.3.10 所示。

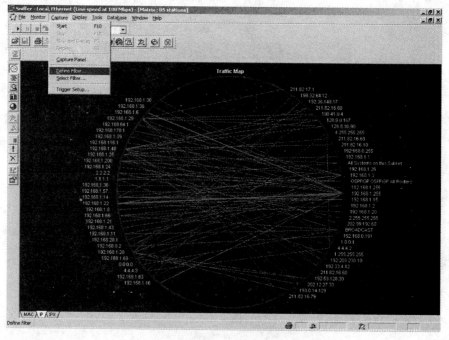

图 4.3.10

回到 Traffic Map 视图中,选中要捕捉的主机的 IP 地址,然后单击鼠标右键,选择 "Capture" 命令,Sniffer 则开始捕捉指定 IP 地址的主机的数据包。

（2）分析捕捉的数据包

从 Capture Panel 中看到捕获的数据包达到一定数量后,停止捕获。单击"Stop and Display"按钮,就可以停止捕获。如图 4.3.11 所示。

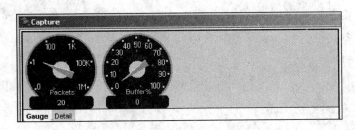

图 4.3.11

如图 4.3.12 所示的窗口中列出了捕捉到的数据,选中某一条数据后,下面分别显示出相应的数据分析和原始的数据包。单击窗口中的某一条数据,可以看到下面相应地方的背景变成灰色,表明这些数据与之对应。

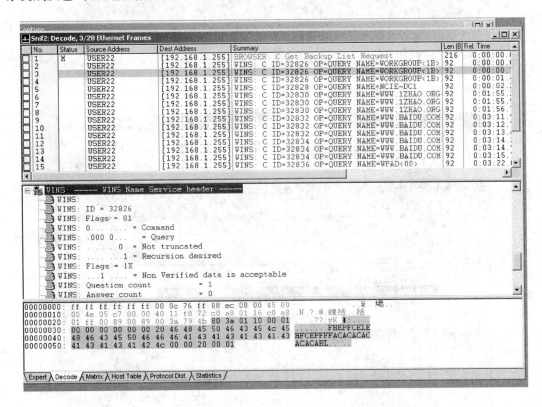

图 4.3.12

（3）查看数据包

查看数据包如图 4.3.13 所示。

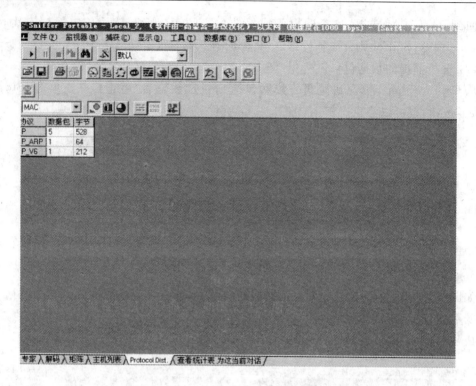

图 4.3.13

（4）解码分析

解码分析如图 4.3.14 所示。

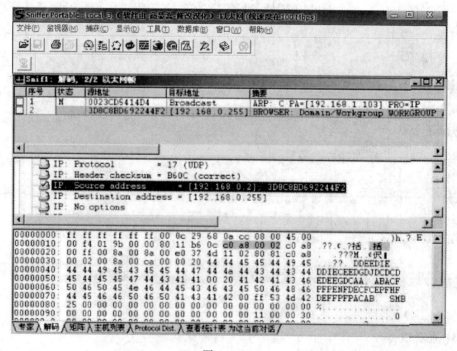

图 4.3.14

（5）警报日志按钮

日志上没有东西，如图 4.3.15 所示。

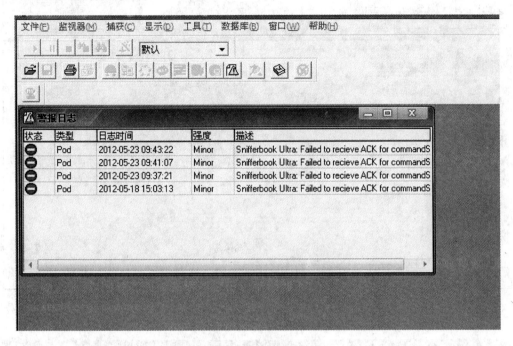

图 4.3.15

4. Sniffer 在网络管理中的应用

主要是利用其流量分析和查看功能，解决网络传输质量问题。

广播风暴（蠕虫病毒流量分析）：广播风暴是网络常见的一个网络故障。网络广播风暴的产生，一般是由于客户机被病毒攻击、网络设备损坏等故障引起的。可以用 Sniffer 中的主机列表功能，查看网络中哪些机器的流量最大，从矩阵就可以看出哪台机器数据流量异常。从而，可以在最短的时间内判断网络的具体故障点，然后用解码（decode）功能分析具体的故障原因。

网络攻击：随着网络的不断发展，DDoS 攻击成为一些黑客炫耀自己技术的一种手段。如果网络本身的数据流量比较大，加上外部 DDoS 攻击，网络可能会出现短时间的中断现象。对于类似的攻击，使用 Sniffer 软件，可以有效判断网络是受广播风暴影响，还是受来自外部的攻击影响。

使用矩阵的 top10 查看或者主机 top10 和协议分布图查看，可以大概分析哪台机器出现了问题，另外可以设置过滤器抓包分析。

（1）抓包分析开始，先配置好过滤器，然后单击"捕获"按钮，有符合过滤器的信息即会被抓取，双击进入即可看到更加详细的信息。如图 4.3.16 所示。

（2）矩阵按钮的使用。矩阵按钮提供多重视图查看信息等，功能基本跟 Host Table 一样，只不过显示信息有所不同。如图 4.3.17 所示。

（3）对获得的信息进行分析，优化网络管理。

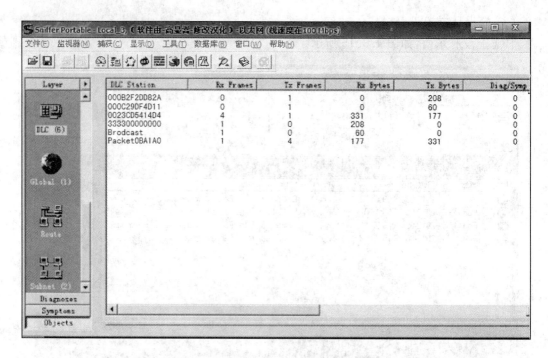

图 4.3.16

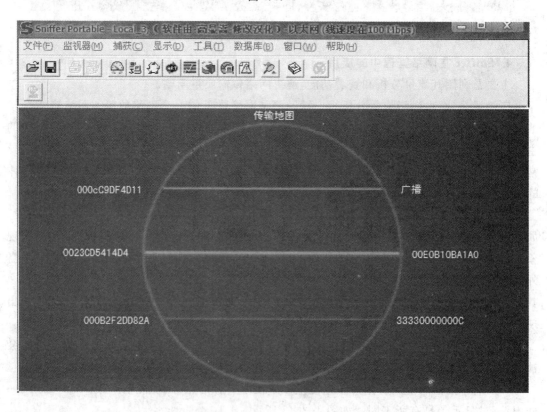

图 4.3.17

实训四　防火墙的配置

一、实训目的

（1）理解防火墙工作原理。

（2）掌握防火墙的配置思想，了解访问策略原理和作用，了解 DMZ（非军事区）、inside、outside 接口的概念。

（3）掌握接口基本设置内容和顺序。

（4）掌握静态地址和动态地址转换。

二、实训原理

网络的主要功能是向其他通信实体提供信息传输服务。网络安全技术的主要目的是为传输服务实施的全过程提供安全保障。在网络安全技术中，防火墙技术是一种经常被采用的对报文的访问控制技术。实施防火墙技术的目的是为了保护内部网络免遭非法数据包的侵害。为了对进入网络的数据进行访问控制，防火墙需要对每个进入的数据包按照预先设定的规则进行检查。目前的防火墙也有检查由内到外的数据包的功能。

在防火墙的配置中，首先要明确防火墙的安全策略，在一般情况下，防火墙都是按照以下两种情况配置的。

- 拒绝所有流量：在这种情况下，用户需要指出在网络中能进出的特殊流量。
- 允许所有的流量：在这种情况下，用户需要指出在网络中不能进出的特殊流量。

这些规则要应用到某些接口上生效。

三、实训环境

在本实训中，使用 CiscoPIX 防火墙系列，其他的防火墙应用原理都是类似的，只有命令集有所不同，可以通过"？"（帮助）命令完成防火墙的配置。

防火墙 1 台，PC 2 台，网线。拓扑结构如图 4.4.1 所示。

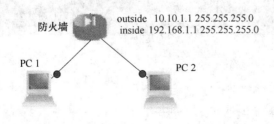

图 4.4.1

实训规则如下。

（1）根据要求，构建拓扑图。

(2) 设置 PC 1 的连接地址为 192.168.1.3,255.255.255.0;PC 2 的地址为 10.10.10.3,255.255.255.0。

(3) 设置防火墙的 eth 0(作为内部接入地址)为 192.168.1.1,255.255.255.0;eth 1(作为外部接入地址)为 10.10.1.1,255.255.255.0。

(4) 启用地址转换功能,将 192.168.1.3 转换为 10.10.1.8。

(5) 设置使用 PC 1 可以访问 PC 2 主机,PC 2 主机可以 ping PC 2。

四、实训步骤

(1) 运行 PC 1 Windows 系统中的超级终端(HyperTerminal)程序(通常在"附件"程序组中)。对超级终端的配置与对交换机或路由器的配置一样。

(2) 开始对防火墙加电,进入用户配置模式。

(3) 输入 enable 命令进入特权模式。

(4) 进入配置模式,输入 configure terminal。

(5) 分别配置 eth 0 和 eth 1 接口,为接口配置 IP 地址分别是 192.168.1.1、255.255.255.0 和 10.10.1.1、255.255.255.0。输入命令如下。

Firewall(config)♯interface ethernet0

Firewall(config-eth0)♯ip address inside 192.168.1.1 255.255.255.0

Firewall (config)♯interface ethernet1

Firewall(config-eth1)♯ip address outside 10.10.1.1 255.255.255.0

(6) 查看接口信息,使用 show 命令,如图 4.4.2 所示。

```
firewall# show interface outside
  interface ethernet1 "outside" is up, line protocol is up
    hardware is i82557 ethernet, address is 0060.7380.2f16
    ip address 10.10.10.1 , subnet mask 255.255.255.0
    MTU 1500 bytes, BW 1000000 Kbit half duplex
    1184342 packets input, 1222298001 bytes, 0 no buffer
    received 26 broadcasts, 27 runts, 0 giants
    4 input errors, 0 crc, 4 frame, 0 overrun, 0 ignored, 0
     abort
    1310091 packets output, 547097270 bytes, 0 underruns 0 unicast
    rpf drops
    0 output errors, 28075 collisions, 0 interface resets
    0 babbles, 0 late collisions, 117573 deferred
    0 lost carrier, 0 no carrier
    input queue (curr/max blocks): hardware (128/128) software (0/1)
    output queue (curr/max blocks): hardware (0/2) software (0/1)
```

图 4.4.2

(7) 配置访问策略,命令如下。

Firewall (config)♯globle(outside)1 10.10.1.10

/ * 定义地址池 * /

Firewall (config)♯nat(inside)1 0.0.0.0 0.0.0.0

/ * 定义静态地址转换 * /

Firewall (config)♯static(inside,outside)10.10.1.8 192.168.1.3

/＊静态地址转换＊/

Firewall（config）#conduit permit tcp host 192.168.1.3 eq icmp any

/＊建立通道,允许访问＊/

以上命令是希望外面的主机可以 Ping 通 192.168.1.3 主机,所以先作地址映射,然后用命令 conduit 允许外面的主机可以进行 Ping 操作。

（8）保存配置,命令如下。

Firewall（config）#save

（9）测试效果,在 PC 2 上 Ping 10.10.10.10.8。

项目四实训报告

实训报告单

姓名：　　　　学号：　　　　　专业及班级：　　　　　指导教师：

课程名称		实训项目	
时间		地点	
实训目的			
实训内容			
实训步骤和方法			
备注			

项目五　网络服务实训

网络建设,主要是为用户提供服务。网络应用和网络资源建设是网络建设的一个重要方面。通过本章的学习,应知道如何建设和提供基本的网络服务。

实训一　DHCP 服务配置

一、实训目的

(1) 理解 DHCP 的基本概念和工作过程。
(2) 掌握 DHCP 服务器的配置。

二、实训原理

DHCP(Dynamic Host Configuration Protocol)主要为客户主机动态分配可重用的 IP 地址和配置信息的应用层协议,工作原理基于"客户/服务器"模式,由一台指定的主机分配网络地址、传送网络配置参数给需要的网络设备或主机。提供 DHCP 服务的主机称为服务器,接收信息的主机称为客户端。

三、实训环境

作为 DHCP 服务器的主机,建议安装 Windows 2000 Server 以上的操作系统。实训环境如图 5.1.1 所示。

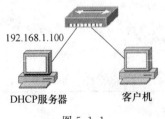

192.168.1.100

DHCP服务器　　　客户机

图 5.1.1

配置参数如下:
- DHCP 服务器的 IP 地址为 192.168.1.100;
- DHCP 服务器的子网掩码为 255.255.255.0;
- DHCP 服务器能够提供的 IP 地址的范围为 192.168.1.36~192.168.1.85;
- DHCP 服务器提供的 IP 地址的子网掩码为 255.255.255.0;
- DHCP 服务器为客户机保留的 IP 地址为 192.168.1.84;
- DHCP 服务器为客户机分配的网关地址为 192.168.1.254;
- DHCP 服务器为客户机分配的 DNS 服务器地址为 192.168.1.101;
- DHCP 服务器的租用期限为 8 小时。

四、实训步骤

(1) 配置 DHCP 服务器的 TCP/IP 地址,把服务器的 IP 地址配置为 192.168.1.100,掩码为 255.255.255.0。配置如图 5.1.2 所示。

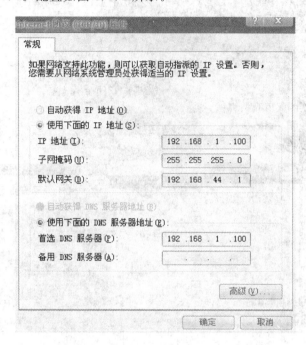

图 5.1.2

(2) 在服务器上安装 DHCP 服务,打开服务器上的"控制面板"→"添加/删除 Windows组件",在"Windows 组件向导"窗口的组件列表中找到"网络服务"项,双击其中的"动态主机配置协议(DHCP)",单击"确定"按钮。如图 5.1.3所示。根据提示,完成 DHCP 服务的安装。

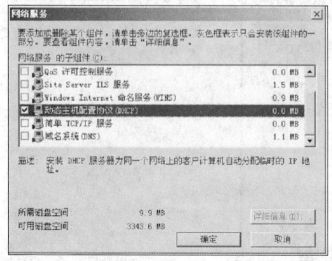

图 5.1.3

（3）配置 DHCP 服务器。单击"开始"→"程序"→"管理工具"→"DHCP"，显示如图 5.1.4所示。

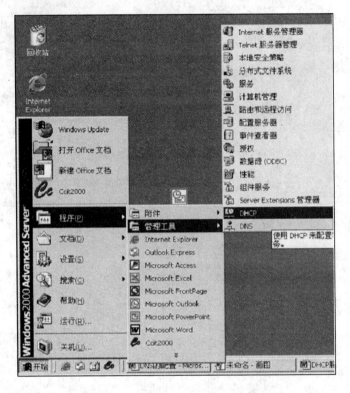

图 5.1.4

单击 DHCP 窗口中的"操作"菜单，在下拉菜单中选择"添加服务器"，如图 5.1.5 所示。

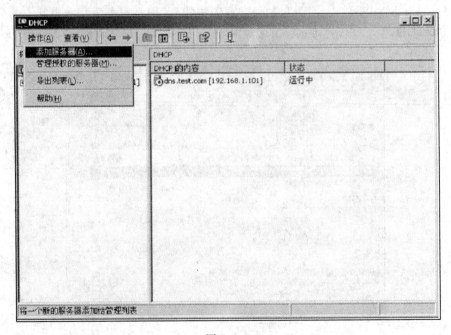

图 5.1.5

单击浏览查找相应的 DHCP 服务器,或者直接在"此服务器"文本框中输入 DHCP 服务器的 IP 地址,单击"确定"按钮。如图 5.1.6 所示。

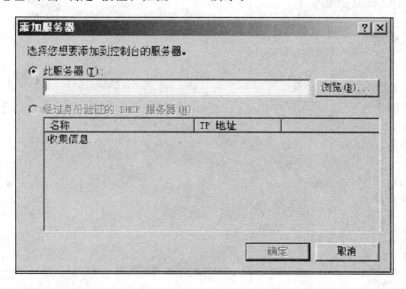

图 5.1.6

根据提示完成 DHCP 服务器的安装。

(4) 新建 DHCP 完成后,开始进行 DHCP 作用域的配置。

右键单击 DHCP 服务器,在弹出的菜单中选择"新建作用域",出现新建作用域向导。如图 5.1.7 所示。

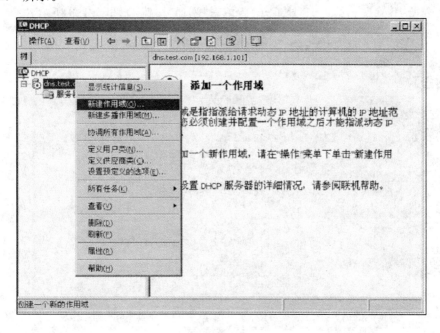

图 5.1.7

根据向导提示完成后面的步骤,完成地址池选项的配置,如图 5.1.8 所示。

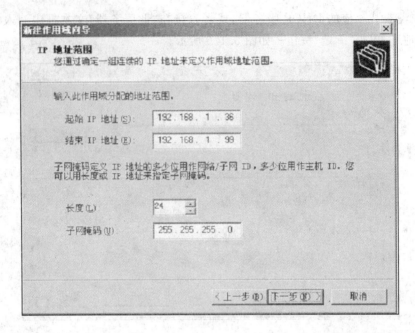

图 5.1.8

地址池配置方式如下。

① 在"IP 地址范围"对话框中确定 IP 地址范围。其中,"起始 IP 地址"是指 DHCP 服务器分配给客户机使用的起始 IP 地址,"结束 IP 地址"是指 DHCP 服务器分配给客户机使用的结束 IP 地址,子网掩码可以以位数长度或者点十进制表示。单击"下一步"按钮,输入需排除的起始 IP 地址和结束 IP 地址,然后单击"添加"按钮,如图 5.1.9 所示。

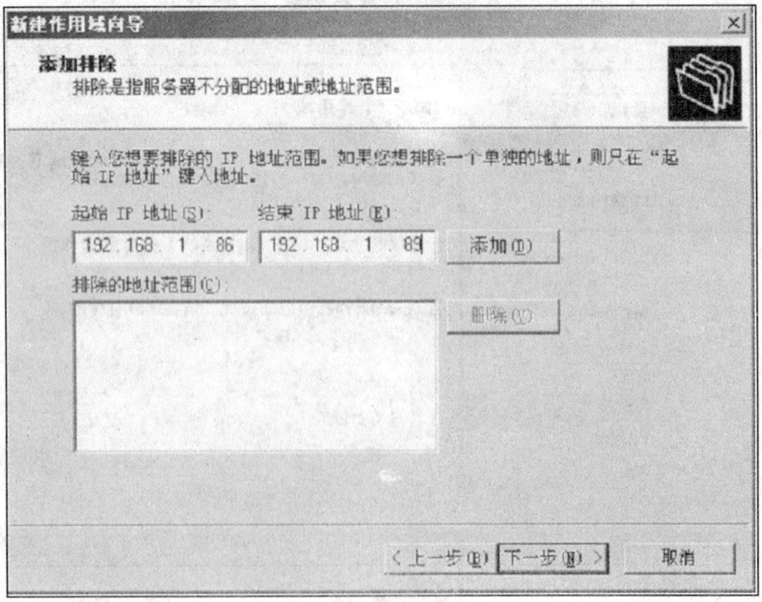

图 5.1.9

② 添加排除的地址,就是在地址池中不准备分配出去的地址,如图 5.1.10 所示。

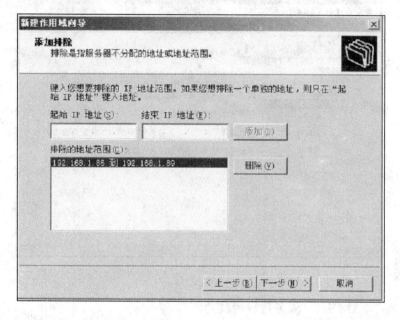

图 5.1.10

③ 配置租约时间选项。默认的时间是 8 天,修改为 1 天,如图 5.1.11 所示。

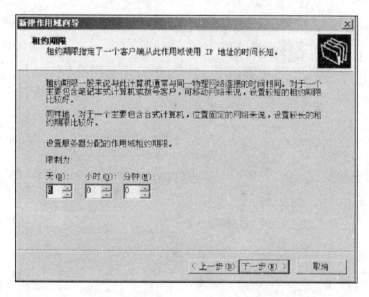

图 5.1.11

(5) 配置 DHCP 服务器选项。

当完成 DHCP 服务域配置后,开始对 DHCP 服务器选项进行配置。

在 DHCP 管理器窗口中,选择相应 DHCP 服务器树型目录下的"作用域"结点,并打开其下面的"作用域选项"子结点,单击鼠标右键,选择快捷菜单中的"配置选项"。如图 5.1.12所示。根据需要填入相应的路由器、DNS、网关等选项,完成配置。

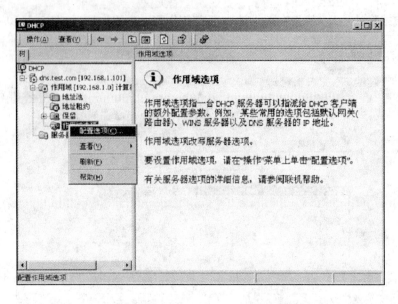

图 5.1.12

（6）在客户端对 DHCP 服务进行测试。

在客户端的 TCP/IP 属性中，设置 IP 地址为自动获得，如图 5.1.13 所示。单击"确定"按钮完成配置。

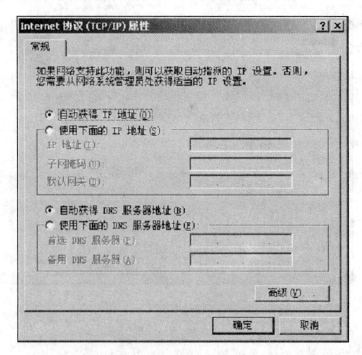

图 5.1.13

（7）在客户端进入 DOS 命令行，使用"ipconfig/release"释放以前的 TCP/IP 配置信息，使用"ipconfig /renew"重新获得 TCP/IP 配置。通过"ipconfig/all"命令查看现象，结果如

图 5.1.14 所示。

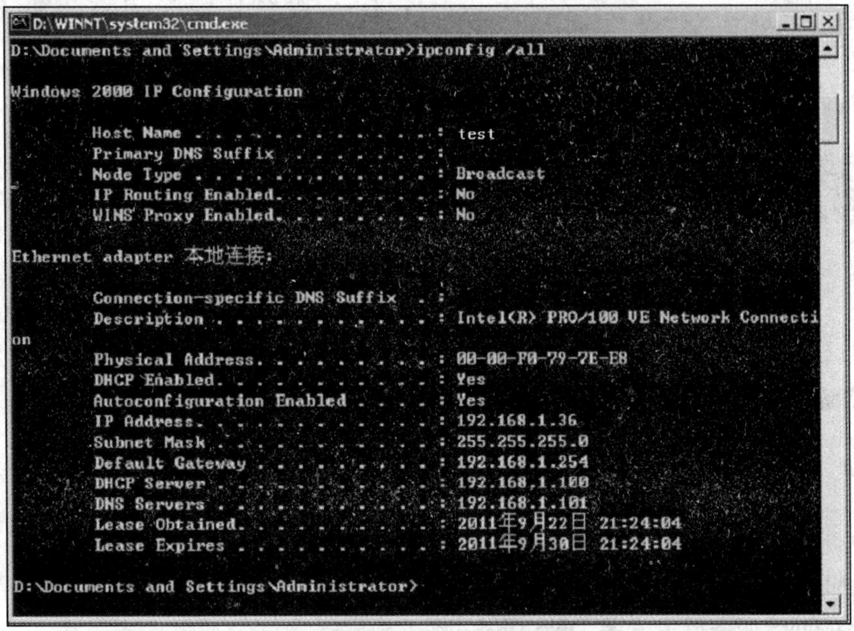

图 5.1.14

实训二　DNS 服务配置

一、实训目的

（1）理解 DNS 工作原理。

（2）掌握在 Windows 服务环境中 DNS 的配置。

（3）掌握 nslookup 实用程序的使用。

二、实训原理

域名系统（Domain Name System,DNS）是一种用于 TCP/IP 应用程序的分布式数据库,它提供主机名和 IP 地址之间的转换及有关信息的选路信息。这个转换过程称为域名解析。域名解析需要专门的域名解析服务器（DNS 服务器）,它是一种分布式网络目录服务,通过 DNS 命名方式为网络设备分配域名。

三、实训环境

实训环境如图 5.2.1 所示。

配置参数如下：

- DNS 服务器的 IP 地址为 192.168.1.101；

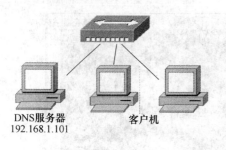

DNS服务器
192.168.1.101   客户机

图 5.2.1

- DNS 服务器的子网掩码为 255.255.255.0，
- DNS 解析的区域名为 test.com；
- 需解析的主机 1 的 IP 地址为 192.168.1.101，相应的域名为 dns.test.com；
- 需解析的主机 1 的 IP 地址为 192.168.1.101，相应的别名为 ftp.test.com；
- 需解析的主机 2 的 IP 地址为 192.168.1.100，相应的域名为 www.test.com；
- 需解析的主机 2 的 IP 地址为 192.168.1.100，相应的别名为 www1.test.com。

四、实训步骤

为 DNS 服务器配置 TCP/IP 属性的地址为 192.168.1.101，具体配置过程参见 DHCP 服务器的配置。

(1) 在 DNS 服务器上安装 DNS 服务组件。

在服务器上安装 DNS 服务，打开服务器上的"控制面板"→"添加/删除 Windows 组件" →"添加/删除 Windows 服务"，在"Windows 组件向导"窗口的组件列表中找到"网络服务"，并且双击其中的"域名系统(DNS)"，单击"确定"按钮，如图 5.2.2 所示。根据提示，完成 DNS 服务的安装。

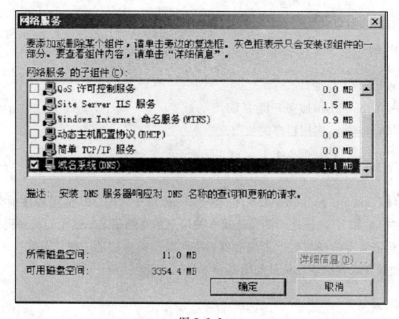

图 5.2.2

（2）配置正向解析区域，单击"开始"→"程序"→"管理工具"→"DNS"，出现如图 5.2.3 所示的界面。

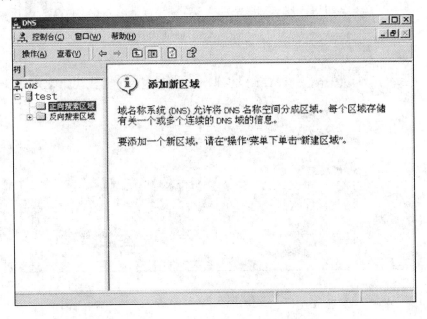

图 5.2.3

（3）单击"正向搜索区域"，在弹出的菜单中选择"新建区域"选项。

（4）根据提示，单击"下一步"按钮，如图 5.2.4 所示。

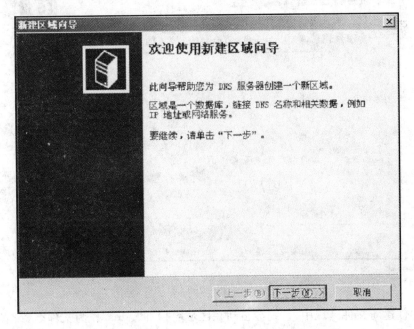

图 5.2.4

（5）选择"标准主要区域"，单击"下一步"按钮，如图 5.2.5 所示。

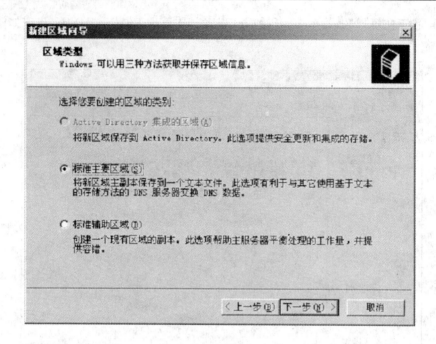

图 5.2.5

弹出如图 5.2.6 所示界面,输入相应的 DNS 区域名,如"test.com",单击"下一步"按钮。

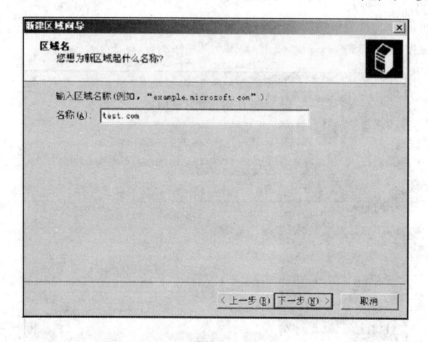

图 5.2.6

(6) 在创建新文件区域中,系统会自动在区域名后加".dns"作为文件名,或者使用一个已有的文件。不作任何改变,单击"下一步"按钮。如图 5.2.7 所示。

(7) 弹出如图 5.2.8 所示的窗口,单击"完成"按钮,完成后的界面如图 5.2.9 所示。

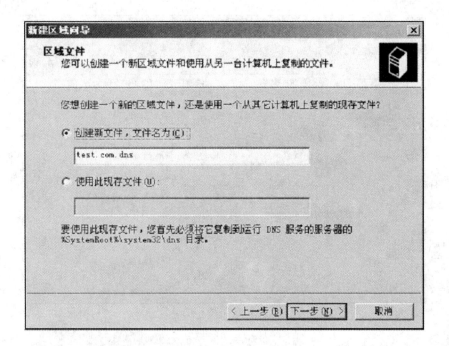

图 5.2.7

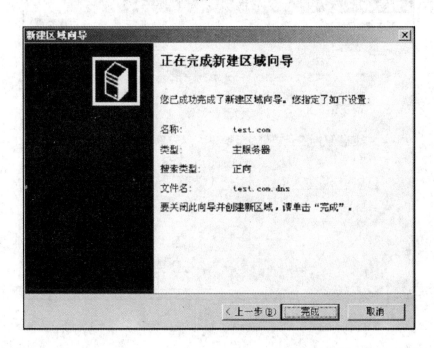

图 5.2.8

（8）开始创建"DNS 反向解析区域"，参见创建"正向解析区域"。

在"反向搜索区域"对话框中，输入用来标识区域的网络 ID"192.168.1"，反向搜索区域名称就会自动产生，也可选择"反向搜索区域名称"输入反向搜索区域的名称，如"1.168.192.in-addr.arpa"，单击"下一步"按钮。如图 5.2.10 所示。

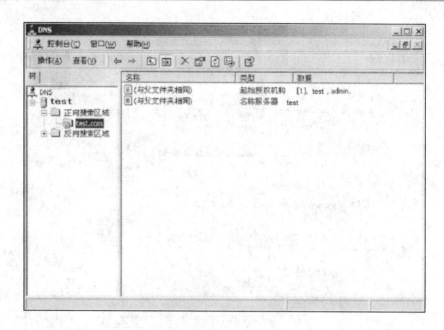

图 5.2.9

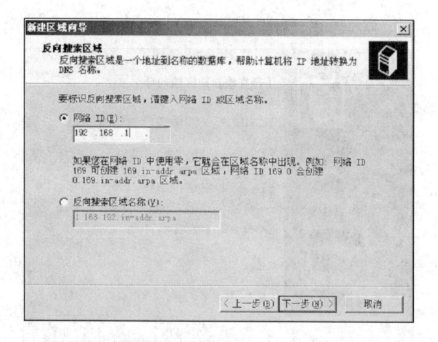

图 5.2.10

（9）保留默认的区域记录保存的文件名，系统会自动在区域名后加".dns"作为文件名，或者使用一个已有的文件，单击"下一步"按钮，最后单击"完成"按钮。操作界面如图5.2.11 所示。

（10）完成区域创建，开始主机记录创建，右键单击创建的正向区域名，在弹出的菜单中选择"新建主机"选项。如图5.2.12 所示。

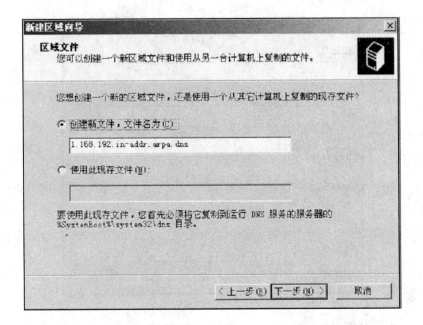

图 5.2.11

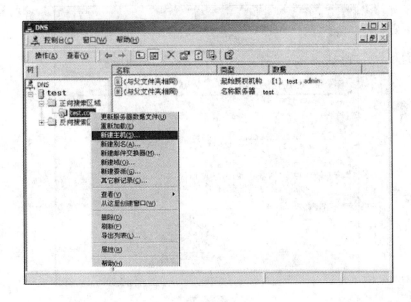

图 5.2.12

(11) 在弹出的"新建主机"窗口中,输入相应的主机名,输入对应的 IP 地址,并选择"创建相关的指针(PTR)记录",系统会自动在反向区域内创建指针记录,最后单击"添加主机"按钮。如图 5.2.13 所示。

(12) 接着在名称中输入相应的主机名"www",输入对应的 IP 地址,并选择"创建相关的指针(PTR)记录",系统会自动在反向区域内创建指针记录,最后单击"添加主机"按钮,再单击"完成"按钮。如图 5.2.14 所示。

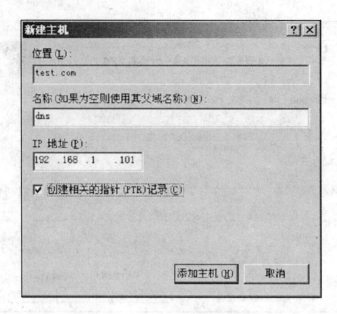

图 5.2.13

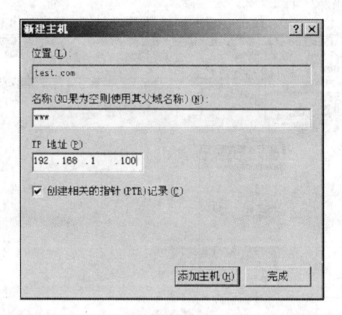

图 5.2.14

　　(13) 创建主机别名记录,右键单击创建的正向区域名,在弹出的菜单中选择"新建别名"选项。在弹出的"新建资源记录"窗口中,在"别名"文本框中输入主机别名"ftp",在目标主机的完全合格的名称文本框旁边单击"浏览"按钮,选择相应的需要创建别名的主机。如图 5.2.15所示。

　　(14) 测试配置结果。在配置的主机上通过命令 nslookup 检测结果。显示如图 5.2.16所示。

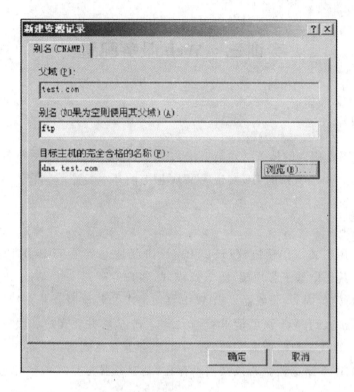

图 5.2.15

图 5.2.16

实训三　Web 服务配置

一、实训目的

(1) 了解 WWW 服务的体系结构与工作原理。

(2) 掌握利用 Microsoft 的 IIS 实现 WWW 服务的基本配置。

二、实训原理

Web 服务使用超文本传输协议(HTTP),该协议是一个在 TCP/IP 协议基础上的应用程序级协议。其工作基于客户端/服务器模式,客户端通过一个 Web 浏览器使用 HT-TP 命令向一个特定的 Web 服务器发出 Web 页面请求。若该服务器在特定端口(通常是 TCP 80 端口)处接收到 Web 页面请求后,就发送一个应答并在客户和服务器之间建立连接。服务器 Web 查找客户端所需文档,若 Web 服务器查找到所请求的文档,就会将所请求的文档传送给 Web 浏览器。若该文档不存在,则服务器会发送一个相应的错误提示文档给客户端。

三、实训环境

1 台安装 Windows 2000 Server 及更高版本操作系统的 Web 服务器,测试客户机为 Window 系列(如 Windows 2000 Professional)操作系统。实训环境如图 5.3.1 所示。

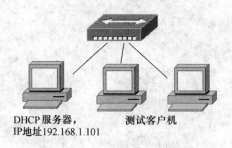

DHCP 服务器,　　　　　测试客户机
IP 地址 192.168.1.101

图 5.3.1

配置参数如下:

- 网站的 IP 地址为 192.168.1.101;
- 网站的子网掩码为 255.255.255.0;
- 网站的域名为 www.test.com;
- 网站的主目录为 e:\test;
- 网站的首页名为 index.htm。

四、实训步骤

(1) 利用 DNS 服务,配置 192.168.1.101 的域名为 www. test. com。

(2) 安装 WWW 服务器,选择"开始"→"程序"→"管理工具",找到 Internet 服务管理器,双击"Internet 服务管理器"图标,如图 5.3.2 所示。

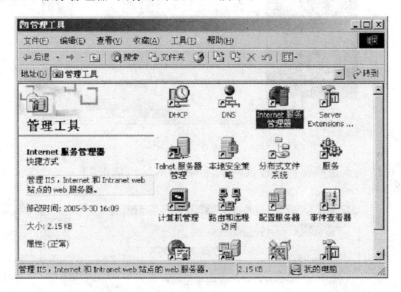

图 5.3.2

(3) 右键单击左边目录树中"默认 Web 站点",在弹出的快捷菜单中选择"新建"→"站点"。如图 5.3.3 所示。

图 5.3.3

（4）单击"下一步"按钮，如图 5.3.4 所示。

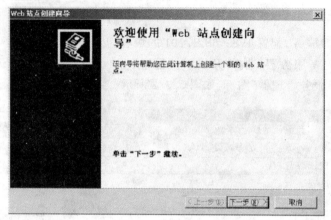

图 5.3.4

（5）在 Web 站点说明窗口中输入网站说明（如网站），单击"下一步"按钮。如图 5.3.5 所示。

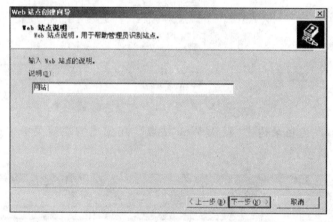

图 5.3.5

（6）指定"网站"的 IP 地址及端口号后（Web 的默认端口号为 80，一般不要作修改），"此站点的主机头"不填，单击"下一步"按钮。如图 5.3.6 所示。

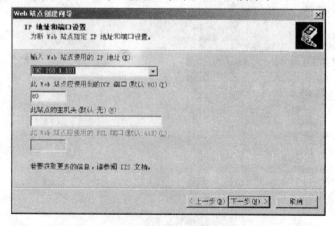

图 5.3.6

（7）在路径文本框中，单击"浏览"按钮选择网站的路径，然后单击"下一步"按钮。如图5.3.7所示。

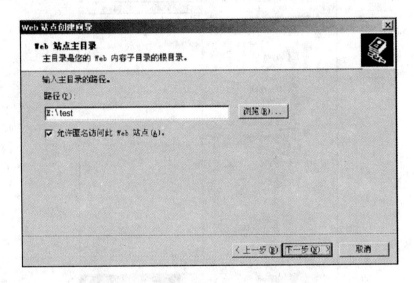

图 5.3.7

（8）选择"读取"和"运行脚本"两种权限，单击"下一步"按钮。如图 5.3.8 所示。

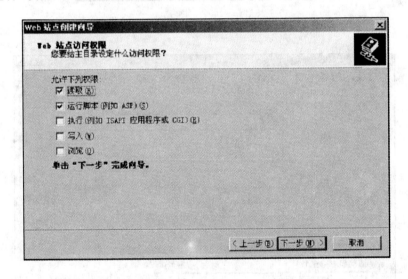

图 5.3.8

（9）完成 Web 站点的安装后，开始配置站点。右键单击"网站"，在弹出的菜单中选择"属性"选项。如图 5.3.9 所示。

（10）单击"Web 站点"选项卡，检查网站的 Web 站点的 IP 以及端口号配置是否正确，如果不正确，进行相应修改。如图 5.3.10 所示。

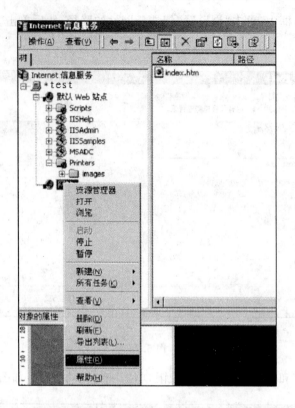

图 5.3.9

图 5.3.10

（11）单击"主目录"菜单，配置网站的主目录路径为"E:\test"及其他选项，如图 5.3.11 所示。

图 5.3.11

（12）配置网站的文档菜单选项。检查网站的默认文档是否已在"启用默认文档"列表中，并位于前面的位置，本实训的默认文档为"index.htm"。单击"添加"按钮。如图 5.3.12 所示。

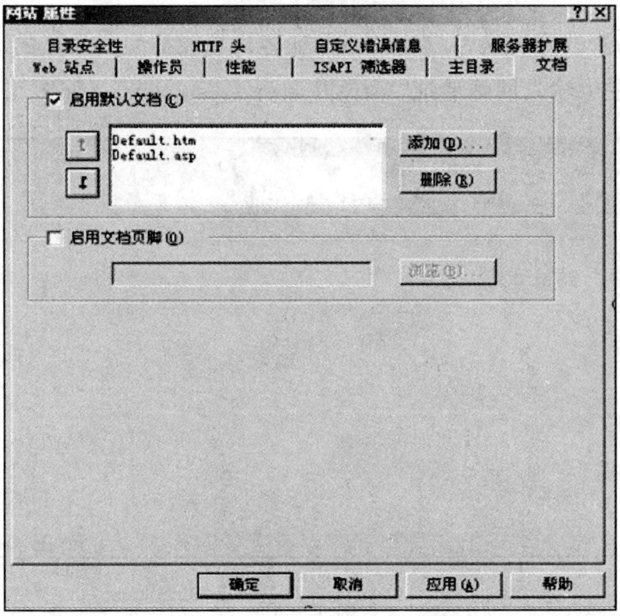

图 5.3.12

（13）添加默认文档，并通过左边的上下移动按钮把添加的文档设置在第一位。如图 5.3.13 所示。

图 5.3.13

（14）在客户端测试配置是否成功。要保证客户端能访问到站点的地址，在客户端打开 IE 浏览器，在地址栏中输入网站地址"http://www.test.com"。如图 5.3.14 所示。

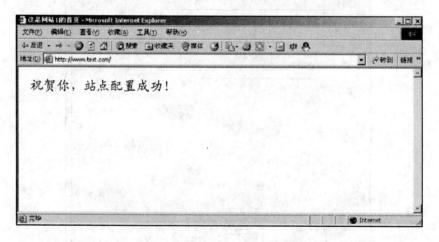

图 5.3.14

项目五实训报告

实训报告单

姓名： 学号： 专业及班级： 指导教师：

课程名称		实训项目	
时间		地点	

实训目的

实训内容

实训步骤和方法

备注

项目六　网络故障诊断与排除实训

在网络中,由于组网的设备较多,会面临网络故障恢复的问题。从故障现象出发,通过网络诊断工具获得信息,确定网络故障点,查找问题的根源,排除故障,恢复网络正常运行是网络管理人员的任务。

网络故障根据网络体系结构,通常有以下方面:物理层中的物理线路或者接口本身问题,数据链路层的参数设置问题,网络层的网络协议或配置问题,以及高层的设备性能等问题。如何快速查找故障并恢复网络运行,除了借助工具等,网络人员的经验也很重要。

实训一　交换机一般故障诊断

一、实训目的

(1) 掌握交换机故障排除与诊断方式。
(2) 学会常见故障排除与诊断步骤。
(3) 掌握常见故障的现象与排除。

二、实训原理

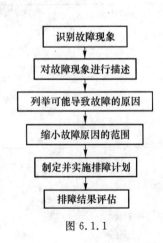

图 6.1.1

一般交换机属于 OSI 模型中的数据链路层,因此交换机具有数据链路层要求的基本功能,包括数据链路的连接和分离,对"比特流"的差错检测与回复,局域帧的网络流量控制。本实训主要从数据链路帧的发送、接收以及转发方面来讨论交换机的故障与排除。

交换机的一般故障有硬件故障和软件故障。硬件故障表现为电源故障、端口故障、模块故障、线缆故障以及背板故障;软件故障主要表现为系统文件错误、主要配置不当等。

一般交换机的故障排除流程如图 6.1.1 所示。

三、实训环境

交换机 1 台,RJ45 线缆若干,PC。

四、实训步骤

1. 故障一

（1）列出故障现象。

故障现象：将计算机连接到交换机的某个端口后，计算机的网络连接显示无法连接。

（2）列出可能导致故障的原因。

- 网络连接线有问题。
- 计算机的 IP 地址配置问题。
- 交换机端口硬件故障。
- 交换机端口被屏蔽。

缩小故障范围，将一个个可能原因排除掉，最后确定是交换机端口 shutdown 了，用命令 enable port 激活端口，问题解决。

（3）记录故障以及解决故障的方法，供今后借鉴。

2. 故障二

（1）列出故障现象。

故障现象：交换机连接的计算机之间的通信非常缓慢，有时还与计算机失去连接。

（2）列出可能导致故障的原因。

- 有多少用户受到影响。
- 什么时候出现的此类故障，在出现故障前有没有什么改动。
- 有没有同型号的交换机以前出现过类似的情况。

开始排除故障，缩小故障原因范围。

把连接在交换机的受到影响的计算机逐个顺序断开，每断开一台交换机都观察交换机状态，直到问题解决。

找到连接在某个端口的计算机连接的问题后，分析原因，把计算机重新接到另外的端口上观察，如果问题重新出现，故障则出现在计算机或者网线上，否则就是交换机端口有问题。

逐步排除问题，缩小问题产生的范围，最后确定计算机中的病毒。

（3）问题解决后，记录问题。

实训二　路由器一般故障诊断

一、实训目的

（1）熟悉网络层及其组件功能及特点。

（2）掌握网络层常见故障及检测方法。

二、实训原理

路由器工作在 OSI 的第三层网络层，网络层承担连接不同网络通信的任务，在网络层发生的故障，需要从故障现象出发，通过网络层设备，主要是以路由器网络诊断工具为手段获取诊断信息,确定网络故障点,查找问题的根源,排除故障,恢复网络正常运行。

网络层中的故障通常有以下几种可能:网络层网络协议配置或操作错误;传输层的设备性能或通信拥塞问题;上三层或网络应用程序错误。路由器网络诊断可以使用多种工具:路由器诊断命令,网络管理工具和包括局域网或广域网分析仪在内的其他故障诊断工具。查看路由表,是开始查找网络故障的好办法。ICMP 的 ping 命令、trace 命令、show 命令和 debug 命令是获取故障诊断有用信息的网络工具。如何监视网络在正常条件下的运行细节和出现故障的情况? 监视哪些内容呢? 利用 show interface 命令可以非常容易地获得待检查的每个接口的信息。show logg 错误记录日志,给网络管理人员提供信息,show proc 命令和 show proc mem 命令可用于跟踪处理器和内存的使用情况。可以定期收集这些数据,在故障出现时用于诊断参考。

三、实训环境

在实际工作的路由器。有条件的学校可以有路由器实训环境教室。

四、实训步骤

1. 故障一

(1) 列出故障现象。

故障现象:一台工作正常的路由器,突然某个网段不能连接。主机不响应客户请求服务,但是在同一网段上的主机相互之间都能正常 Ping 通。

(2) 列出可能导致故障的原因。

主机配置问题,因为在同一网段的主机相互能通信,只是不能和外面的网络通信,所以该原因被排除。

接口卡故障或路由器配置命令丢失等。收集需要的用于帮助隔离可能故障原因的信息。检查二层交换机的端口状态,物理上没有明确的出错情况。因此,该原因被排除。

从网络管理系统、协议分析跟踪、路由器诊断命令的输出报告或软件说明书中收集有用的信息。

查看路由器连接该网段的端口,发现端口指示灯不亮,登录到路由器上,用 show 命令查看该端口状态,该端口被认为关闭了。如图 6.2.1 所示。

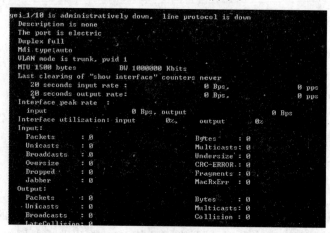

图 6.2.1

进入该端口配置模式,用命令 no shut 打开该端口,网络恢复正常。

(3) 记录该故障,使用 show logfile 查看路由器日志文件,文件记录有人登录路由器修改了端口状态。如图 6.2.2 所示。

```
vty0   23:03:26 09/30/2011 UTC 192.168.181.98   /*** user log in ***/
vty0   23:03:26 09/30/2011 UTC 192.168.181.98   en
vty0   23:03:29 09/30/2011 UTC 192.168.181.98   conf t
vty0   23:05:47 09/30/2011 UTC 192.168.181.98   int gei_1/10
vty0   23:06:35 09/30/2011 UTC 192.168.181.98   shutdown
```

图 6.2.2

2. 故障二

(1) 列出故障现象。

故障现象:在配置完路由器后,发现部分或全部路由没有接收。

(2) 列出可能导致故障的原因。

① 检查连接接口网段是否在 RIP 中用命令激活路由宣告,使用 network 命令用来使能指定网段,只有使能了 RIP 协议的接口才会进行 RIP 路由的接收、发送。使用命令 show current-configuration configuration rip 可以看到当前激活的 RIP 的网段信息,检查连接接口是否在其中。

注意:network 命令使能的网络地址,必须是自然网段的地址。

② 检查连接接口工作是否正常,使用 show interface 命令,查看接口的工作状态:

* 如果接口当前物理状态为 Down 或 Administratively Down,那么 RIP 将无法从这个接口接收到路由。
* 如果接口当前协议状态为 Down,说明其物理连接没有通信信号,检查物理连接。

注意:必须确保接口的工作状态正常。

③ 检查对方发送版本号和本地接口接收的版本号是否匹配。默认情况下,接口只发送 RIP-1 报文,但可以接收 RIP-1 和 RIP-2 报文。当接口与收到的 RIP 报文使用不同的版本号时,有可能造成 RIP 路由不能被正确接收。

④ 检查在 RIP 中是否配置了策略,过滤收到的 RIP 路由,filter-policy import 命令用来过滤接收的 RIP 路由信息。如果使用 ACL 过滤路由,通过命令 show acl-list 可以查看从邻居来的 RIP 路由是否被过滤掉;如果使用 IP 地址前缀列表过滤路由,使用 show ip ip-prefix 查看配置策略。如果被路由策略过滤掉,请正确配置路由策略。

⑤ 检查连接接口配置的 rip metricin,RIP 协议规定使得接收到的路由的度量值大于 16,rip metricin 命令用来设置接口接收 RIP 报文时给路由增加的度量值。如果最终的度量值超过了 16,则认为该路由不可达,从而不会将该路由加到路由表。

⑥ 检查收到的路由度量值是否大于 16,同上,如果接收到的 RIP 路由的度量值超过 16,则认为该路由不可达,从而不会将该路由加到路由表。

⑦ 检查在路由表中是否有其他协议学到的相同路由,通过 show ip rip route 查看是否从网上邻居接收到了路由。可能的情况是:RIP 路由已经正确地接收了,同时本地还从其他

的协议学到了相同的路由,如 OSPF 或者 IS-IS。这时,OSPF 或 IS-IS 的协议权重一般大于 RIP,路由管理将优先选择通过 OSPF 或 IS-IS 学到的路由。

通过以上步骤,发现在接口上宣告网段的时候,没有把从该端口转发的网段全部宣告完毕。使用命令 network 增加网段,故障消除。

实训三　网络故障诊断工具使用

一、实训目的

(1) 掌握网络故障诊断工具的使用。

(2) 能熟练使用 Ping、Ipconfig、Tracert 等命令排除网络故障。

二、实训原理

网络在使用过程中,经常产生各种各样的故障,一般根据故障的性质把故障分为物理故障与逻辑故障;也可以根据故障发生的对象分为线路故障、路由故障和主机故障;按照引起故障的原因分类可以分为连接性故障、网络协议故障、配置和安全故障等。

Ping 是 Windows 系统中集成的一个专用于 TCP/IP 协议网络中的测试工具,Ping 命令用于查看网络上的主机是否在工作,它是通过向该主机发送 ICMP ECHO_REQUEST 包进行测试而达到目的的。一般凡是使用 TCP/IP 协议的网络,当发生计算机之间无法访问或网络工作不稳定时,都可以试用 Ping 命令来确定问题的所在。Ping 命令把 ICMP ECHO_REQUEST 包发送给指定的计算机,如果 Ping 成功了,则 TCP/IP 把 ICMP ECHO_REQUEST 包发送回来,其发回的结果表示能否到达主机、向主机发送一个返回数据包需要多长时间。使用 Ping 可以确定 TCP/IP 配置是否正确,以及本地计算机与远程计算机是否正在通信。

Netstat 命令是运行于 Windows 的 DOS 提示符下面的工具,利用该工具可以显示有关统计信息和当前 TCP/IP 网络连接的情况,用户或网络管理人员可以得到非常详尽的统计结果。Netstat 命令可用来获得当前系统网络连接的信息、收到和发出的数据、被连接的远程系统端口等。

Tracert 是一个用于数据包跟踪的网络工具,运行在 DOS 提示符下,它可以跟踪数据包到达目的主机经过的中间结点。一般可用于广域网故障的诊断,检测网络连接在哪里中断。

ARP 是一个重要的 TCP/IP 协议,并且用于确定对应 IP 地址的网卡物理地址。使用 ARP 命令,能够查看本地计算机或另一台计算机的 ARP 高速缓存中的当前内容。此外,使用 ARP 命令,也可以用人工方式输入静态的网卡物理/IP 地址对,使用这种方式为默认网关和本地服务器等常用主机进行这项操作,有助于减少网络上的信息量。

Ipconfig 实用程序可用于显示当前的 TCP/IP 配置的设置值。这些信息一般用来检验人工配置的 TCP/IP 设置是否正确。但是,如果自己的计算机和所在的局域网使用了动态主机配置协议,Ipconfig 可以让人们了解自己的计算机是否成功地租用到一个 IP 地址,如果租用到,则可以了解它目前分配到的是什么地址。了解计算机当前的 IP 地址、子网掩码和默认网关,实际上是进行测试和故障分析的必要项目。

三、实训环境

若干台计算机,1 台交换机,计算机与交换机相连组成局域网。实训拓扑图如图 6.3.1 所示。

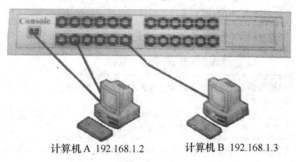

计算机 A 192.168.1.2　　计算机 B 192.168.1.3

图 6.3.1

四、实训步骤

1. Ping 命令的使用

(1) 在计算机 A 上的 DOS 命令状态下,输入命令"ping",将出现如图 6.3.2 所示的界面。

```
C:\Documents and Settings>ping

Usage: ping [-t] [-a] [-n count] [-l size] [-f] [-i TTL] [-v TOS]
            [-r count] [-s count] [[-j host-list] : [-k host-list]]
            [-w timeout] target_name

Options:
    -t             Ping the specified host until stopped.
                   To see statistics and continue - type Control-Break;
                   To stop - type Control-C.
    -a             Resolve addresses to hostnames.
    -n count       Number of echo requests to send.
    -l size        Send buffer size.
    -f             Set Don't Fragment flag in packet.
    -i TTL         Time To Live.
    -v TOS         Type Of Service.
    -r count       Record route for count hops.
    -s count       Timestamp for count hops.
    -j host-list   Loose source route along host-list.
    -k host-list   Strict source route along host-list.
    -w timeout     Timeout in milliseconds to wait for each reply.
```

图 6.3.2

命令后面的参数根据需要输入,见表 6.3.1。

表 6.3.1

【-t】	校验与指定计算机的连接,直到用户中断
【-a】	将地址解析为计算机名
【-n count】	发送由 count 指定数量的 ECHO 报文,默认值为 4
【-l length】	发送包含由 length 指定数据长度的 ECHO 报文
【-f】	在包中发送"不分段"标志。该包将不被路由上的网关分段
【-i ttl】	将"生存时间"字段设置为 ttl 指定的数值
【-v tos】	将"服务类型"字段设置为 tos 指定的数值
【-r count】	在"记录路由"字段中记录发出报文和返回报文的路由。指定的 Count 值最小可以是 1,最大可以是 9
【-s count】	指定由 count 指定的转发次数的时间邮票
【-j computer-list】	经过由 computer-list 指定的计算机列表的路由报文。中间网关可能分隔连续的计算机。允许的最大 IP 地址数目是 9
【-w timeout】	以毫秒为单位指定超时间隔
【destination-list】	指定要校验连接的远程计算机

(2) 在 DOS 命令状态下输入"ping 192.168.1.3",如果正常,将出现如下的状态:

C:\>ping 192.168.1.3

Pinging 192.168.1.3 with 32 bytes of data:

Reply from 192.168.1.3: bytes = 32 time<1ms TTL = 254

Reply from 192.168.1.3: bytes = 32 time = 1ms TTL = 254

Reply from 192.168.1.3: bytes = 32 time = 1ms TTL = 254

Reply from 192.168.1.3: bytes = 32 time<1ms TTL = 254

Ping statistics for 192.168.1.3:

Packets: Sent = 4, Received = 4, Lost = 0 (0% loss),

Approximate round trip times in milli - seconds:

Minimum = 0ms, Maximum = 1ms, Average = 0ms

此信息反映了从 192.168.1.3 这台主机有回答。

(3) 如果网络中没有某台主机,或主机关机,或主机有防火墙禁止 Ping 回答,则出现以下信息:

C:\>ping 192.168.1.5

Pinging 192.168.1.5 with 32 bytes of data:

Request timed out.

Request timed out.

Request timed out.

Request timed out.

Ping statistics for 192.168.1.5：

Packets：Sent ＝ 4, Received ＝ 0, Lost ＝ 4（100％ loss）

（4）Ping 命令常用参数实训如下。

在计算机 A 上发出命令：

C:\＞ping 192.168.1.3-t　　　 ／＊表示连续对 IP 地址为 192.168.1.3 的主机执行
　　　　　　　　　　　　　　　 Ping 命令，直到被用户以 Ctrl + C 组合键中
　　　　　　　　　　　　　　　 断＊／

C:\＞ping 192.168.1.3 -l 2000　／＊指定 Ping 命令中发送的数据长度为 2000 字节，
　　　　　　　　　　　　　　　 而不是默认的 32 字节＊／

C:\＞ping 192.168.1.3 -20　　 ／＊表示执行特定次数的 Ping 命令＊／

2. Netstat 命令的使用

（1）在主机 DOS 命令状态下，输入命令"netstat"。如果不熟悉 Netstat 命令，可以在命令后加"?"，如图 6.3.3 所示。

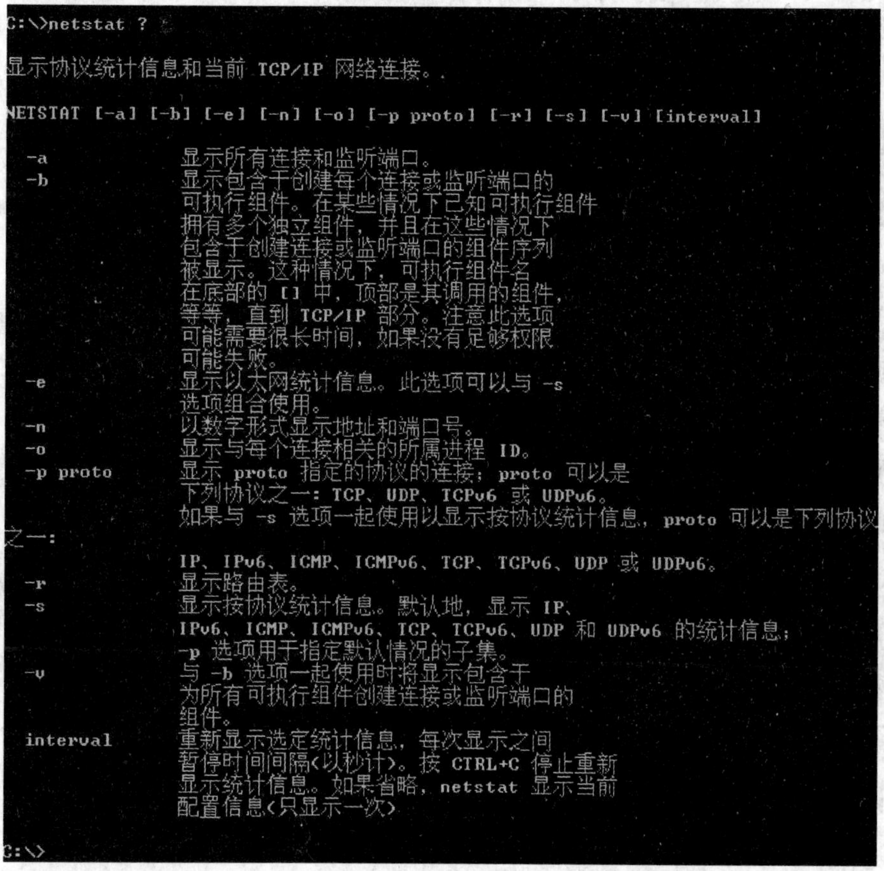

图 6.3.3

Netstat 常用的命令选项见表 6.3.2。

表 6.3.2

netstat-s	本选项能够按照各个协议分别显示其统计数据
netstat-e	本选项用于显示关于以太网的统计数据。它列出的项目包括传送的数据报的总字节数、错误数、删除数、数据报的数量和广播的数量。这些统计数据既有发送的数据报数量,也有接收的数据报数量。这个选项可以用来统计一些基本的网络流量
netstat-r	本选项可以显示关于路由表的信息,类似于后面所讲使用 route print 命令时看到的信息。除了显示有效路由外,还显示当前有效的连接
netstat-a	本选项显示一个所有的有效连接信息列表,包括已建立的连接(ESTABLISHED),也包括监听连接请求(LISTENING)的那些连接
netstat-n	显示所有已建立的有效连接

（2）在主机 DOS 命令状态下,输入命令"netstat",用于显示与 IP、TCP、UDP 和 ICMP 协议相关的统计数据,一般用于检验本机各端口的网络连接情况,显示如图 6.3.4 所示。

图 6.3.4

（3）测试。当在主机上发起 QQ 连接时,立即在主机 DOS 下输入"netstat-n"命令,就会追踪到对方的 IP 地址。如图 6.3.5 所示。其中的 119.84.72.18 是对方的地址,这样很容易知道对方来自什么地方。

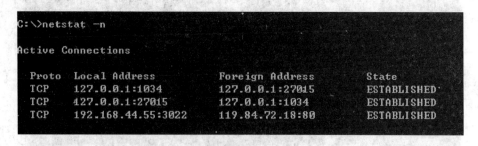

图 6.3.5

3. Ipconfig 命令使用实训

（1）在主机 DOS 命令状态下,输入命令"ipconfig"及参数。如果不熟悉 Ipconfig 命令,可以在命令后加"/?",将会出现 Ipconfig 命令的帮助信息。如图 6.3.6 所示。

常用帮助选项表见表 6.3.3。

```
C:\>ipconfig /?

USAGE:
    ipconfig [/? | /all | /renew [adapter] | /release [adapter] |
             /flushdns | /displaydns | /registerdns |
             /showclassid adapter |
             /setclassid adapter [classid] ]

where
    adapter         Connection name
                    (wildcard characters * and ? allowed, see examples)

    Options:
       /?           Display this help message
       /all         Display full configuration information.
       /release     Release the IP address for the specified adapter.
       /renew       Renew the IP address for the specified adapter.
       /flushdns    Purges the DNS Resolver cache.
       /registerdns Refreshes all DHCP leases and re-registers DNS names
       /displaydns  Display the contents of the DNS Resolver Cache.
       /showclassid Displays all the dhcp class IDs allowed for adapter.
       /setclassid  Modifies the dhcp class id.
```

图 6.3.6

表 6.3.3

ipconfig	当使用 ipconfig 时不带任何参数选项,那么它为每个已经配置了的接口显示 IP 地址、子网掩码和默认网关值
ipconfig/all	当使用 all 选项时,ipconfig 能为 DNS 和 WINS 服务器显示它已配置且所要使用的附加信息(如 IP 地址等),并且显示内置于本地网卡中的物理地址(MAC)。如果 IP 地址是从 DHCP 服务器租用的,ipconfig 将显示 DHCP 服务器的 IP 地址和租用地址预计失效的日期
ipconfig/release 和 ipconfig/renew	这是两个附加选项,只能在向 DHCP 服务器租用其 IP 地址的计算机上起作用。如果输入 ipconfig /release,那么所有接口的租用 IP 地址便重新交付给 DHCP 服务器(归还 IP 地址)。如果输入 ipconfig /renew,那么本地计算机便设法与 DHCP 服务器取得联系,并租用一个 IP 地址。请注意,大多数情况下网卡将被重新赋予和以前所赋予的相同的 IP 地址

(2) 在主机上使用"C:/>ipconfig /all"命令查看本机的 TCP/IP 配置情况。显示结果如图 6.3.7 所示。

```
(C) 版权所有 1985-2001 Microsoft Corp.

C:\Documents and Settings>ipconfig/all

Windows IP Configuration

        Host Name . . . . . . . . . . . . : CQCET-net
        Primary Dns Suffix . . . . . . . :
        Node Type . . . . . . . . . . . . : Unknown
        IP Routing Enabled. . . . . . . . : No
        WINS Proxy Enabled. . . . . . . . : No

Ethernet adapter 本地连接 :

        Connection-specific DNS Suffix . :
        Description . . . . . . . . . . . : Broadcom NetLink (TM) Gigabit Ethernet
        Physical Address. . . . . . . . . : 00-24-81-64-40-26
        Dhcp Enabled. . . . . . . . . . . : No
        IP Address. . . . . . . . . . . . : 192.168. 1. 2
        Subnet Mask . . . . . . . . . . . : 255.255.255.0
        Default Gateway . . . . . . . . . : 192.168. 1. 1
        DNS Servers . . . . . . . . . . . : 61.128.128.68
```

图 6.3.7

Ipconfig 显示本台主机的主机名、IP 地址信息、掩码,并且显示内置于本地网卡中的物理地址(MAC)、网关、DNS 信息等。

(3) 如果网络中的主机地址是通过 DHCP 分配的,就可以使用"ipconfig/renew"(重新获得 IP 地址)和"ipconfig/release"(释放获得的 IP 地址)来测试网络的一些功能。

4. Tracert 命令的使用实训

(1) 在主机 DOS 命令状态下,输入命令"tracert"及参数。如果不熟悉 Tracert 命令,可以在命令后加"/?"。Tracert 命令格式如下:

C:\>tracert /?

显示结果如图 6.3.8 所示。

```
C:\>tracert /?

Usage: tracert [-d] [-h maximum_hops] [-j host-list] [-w timeout] target_name

Options:
    -d                 Do not resolve addresses to hostnames.
    -h maximum_hops    Maximum number of hops to search for target.
    -j host-list       Loose source route along host-list.
    -w timeout         Wait timeout milliseconds for each reply.
```

图 6.3.8

-w timeout:指定等待"ICMP 已超时"或"回响答复"消息(对应于要接受的给定"回响答复"消息)的时间(以毫秒为单位)。如果在超时时间内未收到信息,则显示一个星号"∗",默认的超时时间为 4 000(4s)。

(2) 在命令状态下,实训追踪自己所在网络的 ISP 上的网关,查看终端主机到网关的路由显示。如图 6.3.9 所示。

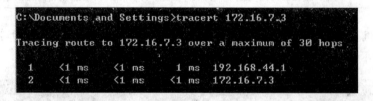

```
C:\Documents and Settings>tracert 172.16.7.3

Tracing route to 172.16.7.3 over a maximum of 30 hops

  1    <1 ms    <1 ms    1 ms    192.168.44.1
  2    <1 ms    <1 ms   <1 ms    172.16.7.3
```

图 6.3.9

(3) 通过 Tracert 命令跟踪流量经过的路径,容易找到网络路由中出现的错误,帮助查找路由的错误。其经常和其他的纠错命令一起使用。

5. Nslookup 命令的使用

Nslookup 命令的功能是查询一台机器的 IP 地址和其对应的域名,通常它能监测网络中 DNS 服务器是否能正确实现域名解析,它的运行需要一台域名服务器来提供域名服务。如果用户已经设置好域名服务器,就可以用这个命令查看不同主机的 IP 地址对应的域名。

该命令的一般格式为

nslookup [IP 地址/域名]

(1) 在命令状态下,输入"nslookup"命令,如图 6.3.10 所示。

```
C:\Documents and Settings>nslookup
Default Server:  68.128.128.61.cq.cq.cta.net.cn
Address:  61.128.128.68

>
```

图 6.3.10

（2）如果想要查询“www. baidu. com”，在“＞”后面输入“www. baidu. com”，执行后如图 6.3.11 所示。

```
C:\Documents and Settings>nslookup
Default Server:  68.128.128.61.cq.cq.cta.net.cn
Address:  61.128.128.68

> www.baidu.com
Server:  68.128.128.61.cq.cq.cta.net.cn
Address:  61.128.128.68

Non-authoritative answer:
Name:    www.a.shifen.com
Addresses:  119.75.218.45, 119.75.217.56
Aliases:  www.baidu.com

>
```

图 6.3.11

在“＞”后输入“nslookup www. baidu. com”，显示如图 6.3.12 所示。

```
C:\Documents and Settings>nslookup www.baidu.com
Server:  68.128.128.61.cq.cq.cta.net.cn
Address:  61.128.128.68

Non-authoritative answer:
Name:    www.a.shifen.com
Addresses:  119.75.217.56, 119.75.218.45
Aliases:  www.baidu.com
```

图 6.3.12

（3）如果要选择另外的 DNS 服务器解析，可以通过使用 Server 命令改变，如图 6.3.13 所示。

```
> Server 61.128.128.69
Default Server:  69.128.128.61.cq.cq.cta.net.cn
Address:  61.128.128.69
```

图 6.3.13

（4）如果要退出该命令，输入“exit”并按回车键即可。

（5）当网络的各个路由都正常，而不能打开浏览器的时候，就要考虑 DNS 是否正常工作。

项目六实训报告

实训报告单

姓名：　　　　　学号：　　　　　　　专业及班级：　　　　　　　指导教师：

课程名称		实训项目	
时间		地点	
实训目的			
实训内容			
实训步骤和方法			
备注			

附录 IP 地址及子网划分

1. IP 地址

(1) IP 地址介绍

世界各地不同的计算机通过不同的方式连接在一起,组成当今的万维网,即 Internet 网。为了方便寻找在网络上的计算机,我们给每一台独立的主机都赋予一个唯一地址与之对应,这个地址就是我们常说的 IP(Internet Address)地址;每个 IP 地址对应一台主机。这样在互联网上想找哪一台计算机就可以根据它的主机号很快地找到它。IP 地址也称因特网协议地址,属于 ISO 体系结构的第三层概念,它在网络上是唯一的。根据 TCP/IP 协议规定,IP 地址由 32 位二进制数组成。IP 地址由互联网名称与数字地址分配机构(Internet Corporation for Assigned Names and Numbers,ICANN)进行分配。

IP 地址包含两个独立的信息段:网络号(net-id)和主机号(host-id)。网络号用来标识主机或三层设备所连接的网络,主机号用来标识该主机或设备地址。

为了方便记忆,提高可读性,将组成计算机的 IP 地址的 32 位二进制分成 4 段,每段 8 位,中间用小数点隔开,然后将每 8 位二进制转换成十进制数。这种标记 IP 地址的方法称为点分十进制记法(dotted decimal notation)。IP 地址每一段的范围是 $0\sim255$,如192.168.3.2。

(2) IP 地址分类

为适应不同大小的网络,IP 地址被分为 5 种类型:A 类、B 类、C 类、D 类和 E 类。其中,A 类、B 类和 C 类 IP 地址是最常用的,D 类是用于多播地址,E 类留作试验使用。通过 IP 地址前几位来确定地址类型。A 类 IP 地址最高位为 0;B 类 IP 地址最高 2 位为 10;C 类 IP 地址最高 3 位为 110;D 类 IP 地址最高 4 位为 1110;E 类 IP 地址最高 4 位为 1111。A 类、B 类和 C 类 IP 地址网络号分别占 8 位、16 位和 24 位,主机号分别占 24 位、16 位和 8 位。因此,A 类网络所容纳的主机数最多,B 类和 C 类网络所容纳的主机数相对少些。分类如附图 1 所示。

- A 类 IP 地址

A 类 IP 地址的第一字节十进制范围为 $0\sim127$,0 是保留的并且表示所有 IP 地址,而 127 也是保留的地址,并且是用于测试环回用的。因此,A 类地址的范围其实是 $1\sim126$。例如,10.0.0.1,第一段号码为网络号码,剩下的三段号码为主机的号码。转换为二进制来说,一个 A 类 IP 地址由一字节网络地址和三字节主机地址组成,网络地址的最高位必须是 0,网络地址范围为 $1.0.0.0\sim126.0.0.0$。可用的 A 类网络有 126 个,每个网络能容纳的最大主机数是 1 677 214($2^{24}-2$),其中减 2 的原因是去掉 1 个主机号全 0 的地址和主机号全 1 的地址。主机号全 0 的地址表示该 IP 地址所属的网络,全 1 的地址表示该 IP 地址所属的

113

网络的所有主机。

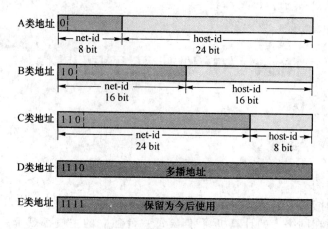

附图 1

- B 类 IP 地址

B 类 IP 地址的第一字节十进制范围为 128～191,如 172.19.8.1,第一段和第二段号码为网络号码,剩下的两段号码为主机号码。转换为二进制来说,一个 B 类 IP 地址由 2 字节的网络地址和 2 字节的主机地址组成,网络地址的最高位必须是 10,网络地址范围为 128.0.0.0～191.255.0.0。B 类最大网络数为 16 384 (2^{14}),每个网络能容纳的最大主机数是 65 534($2^{16}-2$)。

- C 类 IP 地址

C 类地址的第一字节十进制范围为 192～223,如 192.168.102.16,第一段、第二段和第三段号码为网络号码,最后一段号码为主机号码。转换为二进制来说,一个 C 类 IP 地址由 3 字节的网络地址和 1 字节的主机地址组成,网络地址的最高位必须是 110,网络地址范围为 192.0.0.0～223.255.255.0。C 类最大网络数为 2 097 152 (2^{21}),每个网络能容纳 254 个主机。

- D 类 IP 地址

D 类地址的第一字节十进制范围为 224～239,D 类 IP 地址第一个字节以 1110 开始,它是一个专门保留的地址,并不指向特定的网络,目前这一类地址被用在多点广播(multicast)中。多点广播地址用来一次寻址一组计算机,它标识共享同一协议的一组计算机。

- E 类 IP 地址

E 类地址的第一字节十进制范围为 240～254,E 类 IP 地址第一个字节以 1111 开始,为将来使用保留。IP 地址的分类总结见附表 1。

附表 1　IP 地址的分类总结

IP 地址类型	二进制固定最高位	第一字节十进制范围	有效主机地址范围
A 类	0	1～126	1.0.0.1～126.255.255.254
B 类	10	128～191	128.0.0.1～191.255.255.254
C 类	110	192～223	192.0.0.1～223.255.255.254
D 类	1110	224～239	224.0.0.1～239.255.255.254
E 类	1111	240～255	240.0.0.1～255.255.255.254

（3）私有 IP 地址

公有地址（Public Address），也可称为公网地址，由因特网信息中心（Internet Network Information Center，Internet NIC）负责。这些 IP 地址分配给注册并向 Internet NIC 提出申请的组织机构。它是广域网范畴内的，通过它直接访问因特网。私有地址（Private Address），也可称为专网地址，属于非注册地址，专门为组织机构内部使用，它是局域网范畴内的，不会被路由器转发到公网中。这些 IP 地址存在的意义是节省宝贵的全球公有 IP 地址资源。私有地址只能用做本地地址而不能用做全球地址，使用私有地址的网络接入 Internet 时需要使用 NAT 技术，将私有地址转换成公有地址。

保留用做私有地址的 IP 地址目前主要有以下几类。

- A 类：10.0.0.0～10.255.255.255
- B 类：172.16.0.0～172.31.255.255
- C 类：192.168.0.0～192.168.255.255

（4）特殊 IP 地址

除了以上介绍的各类 IP 地址之外，还有一些特殊的 IP 地址。下面简要介绍一些比较常见的特殊 IP 地址。

- 0.0.0.0

严格说来，0.0.0.0 已经不是一个真正意义上的 IP 地址。它表示的是所有不清楚的主机和目的网络，称为默认网络。这里的不清楚是指在本机的路由表里没有特定条目指明如何到达。

- 环回地址

环回地址（Loopback Address）主要用来测试网络协议是否正常工作，127 网段的所有地址都是环回地址，如 127.0.0.1。在 Windows 系统中，这个地址有一个别名叫 Local Host。无论是哪个程序，一旦使用该地址发送数据，协议软件会立即返回，不进行任何网络传输，即不把它发到网络接口。除非出错，否则在传输介质上永远不应该出现目的地址为 127.0.0.1 的数据包。

- 受限制的广播地址

255.255.255.255 是受限制的广播地址。对本机来说，这个地址指本网段内（同一广播域）的所有主机。在任何情况下，路由器都会禁止转发目的地址为受限制的广播地址的数据包，此类数据包仅会出现在本地网络中。

- 直接广播地址

直接广播地址是一个网络中的最后一个地址，即主机位全为 1 的地址。主机使用这种地址把一个 IP 数据包发送到本地网段的所有设备上，路由器将转发这种数据包到特定网络上的所有主机。

这个地址在 IP 数据包中只能作为目的地址。一个网段的有效 IP 地址中不包括直接广播地址。例如，一个 C 类网段 192.168.1.0 的直接广播地址是 192.168.1.255，该网段的有效 IP 地址范围是 192.168.1.1～192.168.1.254。

• 网络地址

网络地址是用于标识一个网络的地址,即主机号全为 0 的地址。在网络通信时,数据包由源主机发送后,经若干个网络到达目的主机。在数据包传送过程中,需要知道所历经的下一个网络的网络地址。例如,一个 C 类地址 192.168.102.42,默认情况下前三段号码代表网络地址,最后一段号码 0 即是它的网络地址,即 192.168.102.0。

• 组播地址

组播地址,注意它和广播的区别。广播是一对所有,而组播是一对多。组播地址的范围为 224.0.0.0～239.255.255.255。其中,224.0.0.1 特指所有主机,224.0.0.2 特指所有路由器。这样的地址多用于一些特定的程序以及多媒体程序。

2. 子网划分

子网是为了解决早期 IP 地址设计的不足。在早期,许多 A 类地址被分配给大型服务提供商和组织,B 类地址被分配给大型公司或其他组织。但这样的分配导致大量的 IP 地址被浪费掉,如果一个网络内主机数量没有地址类规定的数量多,那么多余部分将不能被使用。如何利用大量浪费的 IP 地址,同时又不破坏原有编址方法?将一个网络划分成若干个子网,就可以使 IP 地址应用更加有效;将原有同处于同一个网段的主机分成不同网段或子网,也将原来一个广播域划分成若干较小广播域,提高网络传输效率。

(1) 子网掩码

子网掩码(Subnet Masks)的作用是用于识别网络的识别码,即用来区分网络上的主机是否在同一网段内。它的形式和 IP 地址一样,长度也是 32 位,用点分十进制记法表示。当网络没有划分子网时,可以使用默认的子网掩码;当网络被划分为若干个子网时,就要使用特定的子网掩码。

子网掩码的物理含义是将子网的网络部分(网络号和子网号)全置为 1,主机部分全置为 0,如附图 2 所示。

IP地址	网络号	子网号	主机号
子网掩码	11111111111111…111111111111		000000…0000

附图 2

由于 A 类、B 类和 C 类地址中网络号和主机号所占位数固定,所以它们的默认子网掩码也固定,分别是:A 类地址的子网掩码为 255.0.0.0;B 类地址的子网掩码为 255.255.0.0;C 类地址的子网掩码为 255.255.255.0。

子网掩码的另一种表示方法是在 IP 地址后加 "/" 符号以及 1～32 的数字,其中,1～32 的数字表示子网掩码中网络部分的长度,即有多少个 1。例如,IP 地址为 192.168.1.6,子网掩码为 255.255.255.0,可以写成 192.168.1.6/24。

在 IP 路由寻址过程中,主机依靠子网掩码判断发送的数据包目的地址是本地的还是需要路由转发的,从而选择不同的发送路径。判断方法是将子网掩码和 IP 地址进行逻辑与运算,求出网络地址。例如,某主机 IP 地址为 172.16.32.168(B 类地址),子网掩码为 255.255.0.0,求解网络地址。将 IP 地址与子网掩码按位作逻辑与操作,如附图 3 所示,得出的结果即为该 IP 地址的网络地址 172.16.0.0。

	Network		Host	
172.16.32.168	10101100	00010000	00100000	10101000
255.255.0.0	11111111	11111111	00000000	00000000
172.16.0.0	10101100	00010000	00000000	00000000

附图 3

注意:逻辑与运算规则是只当参与运算的逻辑变量都同时取值为 1 时,结果才等于 1;参与运算变量只要有一个数为 0,则运算结果为 0。

（2）划分子网的方法

为了提高 IP 地址的使用效率,一个网络可以划分为多个子网。子网划分采用的方法是借位,从主机号最高位开始借位变为新的子网号,剩余部分仍为主机号。划分子网的 IP 地址结构分为三部分:网络号、子网号和主机号,如附图 4 所示。

网络号	主机号

网络号	子网号	主机号

附图 4

划分子网后的网络地址如何计算? 还是通过子网掩码求解网络地址。例如,某主机 IP 地址为 172.16.2.160（B 类地址）,划分子网从主机部分借位 8 位,根据子网掩码的物理含义,将子网的网络部分（网络号和子网号）全置为 1,主机部分全置为 0,因此子网掩码由默认的 255.255.0.0 变为 255.255.255.0,求解网络地址。将 IP 地址与子网掩码按位作逻辑与操作,如附图 5 所示,得出的结果即为该 IP 地址的网络地址 172.16.2.0。

	Network		Subnet	Host
172.16.2.160	10101100	00010000	00000010	10100000
255.255.255.0	11111111	11111111	11111111	00000000
172.16.2.0	10101100	00010000	00000010	00000000

附图 5

如何根据实际需求进行子网划分? 下面通过一个实例加以说明。

某学校有 4 个楼栋需要配置 4 个独立网络,目前只有一个 C 类网段为 192.168.64.0。校园网规划需要划分 4 个子网。子网划分具体步骤如下。

① 确定借子网位数。子网位和子网个数满足公式 $2^n - 2 \geq$ 子网个数。本例的子网个数是 4,用公式 $2^n - 2 \geq 4$,计算出子网借位 $n = 3$。

② 确定子网掩码。本例用一个 C 类网段,默认子网掩码是 255.255.255.0。根据子网

掩码物理含义,得出划分子网后,网络部分占 24+3 位,即 27 位。多出的 3 位 1 和后面的主机部分的 5 个 0 成为二进制 11100000,转换为十进制 224,则划分子网后的子网掩码是 255.255.255.224。

③ 确定各子网的网络地址。借 3 位,则 $2^3=8$,可以划出 8 个子网,列出 8 个子网的网络地址,选择 4 个分配给学校 4 个楼栋。见附表 2。

附表 2

11000000.10101000.01000000.000 00000(192.168.64.0)
11000000.10101000.01000000.001 00000(192.168.64.32)
11000000.10101000.01000000.010 00000(192.168.64.64)
11000000.10101000.01000000.011 00000(192.168.64.96)
11000000.10101000.01000000.100 00000(192.168.64.128)
11000000.10101000.01000000.101 00000(192.168.64.160)
11000000.10101000.01000000.110 00000(192.168.64.192)
11000000.10101000.01000000.111 00000(192.168.64.224)

④ 确定各子网的有效主机数。C 类地址主机号占 8 位,去掉借出的 3 位,还剩 5 位主机部分。这里减去的 2 个地址是主机部分全 0 和全 1 的地址,分别表示网络地址和广播地址,不能分配给具体某台主机或路由器端口。

⑤ 确定各子网的有效 IP 地址范围。以 192.168.64.32 子网为例,它的 IP 地址有效范围为 192.168.64.33～192.168.64.62。每个子网的第一个有效 IP 地址是该网络主机部分最右边位置 1,其余主机部分置 0,再和网络号组合而成。每个子网的最后一个有效 IP 地址是主机部分最右边位置 0,其余主机部分置 1,再和网络号组合而成。见附表 3。

附表 3

11000000.10101000.01000000.001 00000(192.168.64.32)
11000000.10101000.01000000.001 00001(192.168.64.33)
11000000.10101000.01000000.001 11110(192.168.64.62)

通过子网划分,可分配的子网网络地址以及每个子网的有效 IP 地址范围如附表 4 所示。

附表 4

子网网络地址	子网掩码	各子网的有效 IP 地址范围
192.168.64.0	255.255.255.224	192.168.64.1～192.168.64.30
192.168.64.32	255.255.255.224	192.168.64.33～192.168.64.62
192.168.64.64	255.255.255.224	192.168.64.65～192.168.64.94
192.168.64.96	255.255.255.224	192.168.64.97～192.168.64.126
192.168.64.128	255.255.255.224	192.168.64.129～192.168.64.158
192.168.64.160	255.255.255.224	192.168.64.161～192.168.64.190
192.168.64.192	255.255.255.224	192.168.64.193～192.168.64.222
192.168.64.224	255.255.255.224	192.168.64.225～192.168.64.254